HELADOS

Curso de formación de elaboración artesanal e industrial

Con ejercicios prácticos resueltos

Inma Cenzano, Eva Esteire y Antonio Madrid

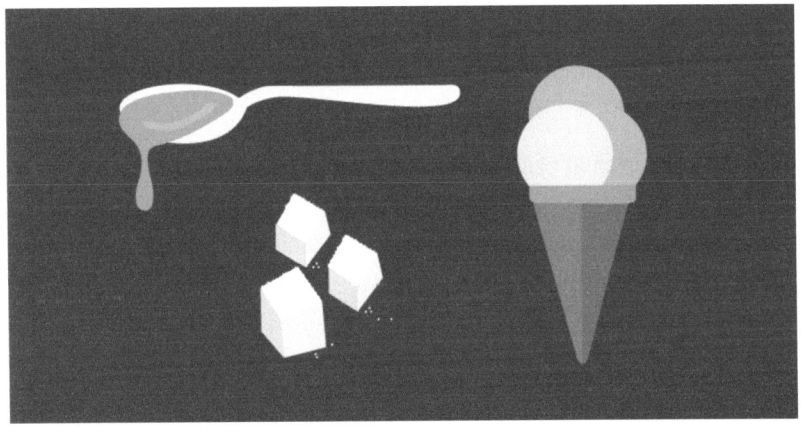

AMV EDICIONES

HELADOS. Curso de formación de elaboración artesanal e industrial.
Con ejercicios prácticos resueltos.
Autores: Inma Cenzano, Eva Esteire y Antonio Madrid
Primera edición. Año 2024.
ISBN: 978-84-127747-7-1
Imprime: TÓRCULO
Edita:
AMV Ediciones Calle Almansa, 94, 28040-Madrid
Tel. 915336926 amadrid@amvediciones.com

PRÓLOGO

Uno de los alimentos más consumidos en el mundo son los helados. Se fabrican y consumen en todos los países del mundo. Según la Asociación Internacional de Productos Lácteos, los principales consumidores de helados son Nueva Zelanda, USA, Australia, Suiza y Suecia.

En España el helado ha estado asociado tradicionalmente al verano, aunque se va cambiando esta idea. De todas formas su consumo mayoritario sigue siendo en los meses más calurosos. Muchas heladerías cierran los meses más fríos del año.

En cuanto a la fabricación de helados debemos distinguir entre las grandes operadoras y los pequeños artesanos. Por ello, en este libo vamos a estudiar la elaboración de ambos tipos de helados, los artesanales y los industriales. Además, **para facilitar la utilización de este libro para cursos de formación, se incluyen unos ejercicios prácticos en cada capítulo, con la solución al final del libro.**

En este libro vamos a estudiar la elaboración de helados. Empezaremos por estudiar su composición, fórmulas, valor nutritivo, las materias prima utilizadas, los aditivos, etc.

Después entraremos de lleno en la elaboración industrial y artesanal de los helados, describiendo las operaciones de preparación de la mezcla, homogeneización, pasteurización, maduración, mantecación, endurecimiento, etc.

Se incluye también la reglamentación técnico sanitaria para la elaboración, circulación y comercio de helados y mezclas envasadas para congelar.

Agradecimientos

Para la confección de este libro hemos tomado mucha información de fabricantes, organismos oficiales, universidades, expertos en la materia, etc.

Todos ellos son citados en las páginas de este libro, incluidos los pies de las fotos, esquemas y diagramas.

ÍNDICE

1.- Los helados: definición e historia. 2.- Tipos de helados. 3.- Otros productos asimilables a los helados (leche preparada, leche merengada, leche helada, helados de yogur, tiramisú). 4.- Ingredientes utilizados en la fabricación de helados. 5.- Los azúcares en los helados. 6.- Funciones de los hidratos de carbono en los helados. 7.- Las grasas. 8.- Proteínas. 9.- Las proteínas en los helados. 10.- Valor biológico de las proteínas. 11.- Sales minerales. 12.- Vitaminas. 13.- Vitaminas solubles en las grasas. 14.- Vitaminas solubles en agua. 15.- Valor nutritivo de los helados. 16.- Estructura física de los helados (disoluciones, suspensiones y coloides). 17.- Agentes emulsionantes. 18.- Ejercicios prácticos. Las soluciones al final del libro.

1.- Ingredientes y aditivos. 2.- Los productos lácteos. 3.- Leche pasterizada, esterilizada y UHT. 4.- Leche en polvo. 5.- Suero en polvo y concentrados proteínicos. 6.- Mantequilla y grasas comestibles. 7.- Los huevos y sus derivados. 8.- Azúcares. 9.- Miel. 10.- Cacao y chocolate. 11.- Café. 12.- Vainilla y vainillina. 13.- Frutas y zumos. 14.- Frutos secos y turrones. 15.- Las bebidas alcohólicas en los helados. 16.- Proteínas de origen vegetal. 17.- Otros productos (sal, canela, agua). 18.- Mix para helados. 19.- Barquillos y conos. 20.- Ejercicios prácticos. Las soluciones al final del libro.

1.- La utilización de aditivos en la elaboración de alimentos. 2.- Los aditivos empleados en los helados. 3.- Los colorantes. 4.-

Agentes aromáticos. 5.- Edulcorantes. 6.- Aditivos estabilizadores. 7.- Conservantes y antioxidantes. 8.- Ejercicios prácticos. La soluciones al final del libro.

1.- Qué es la microbiología. 2.- Tipos de microorganismos. 3.- Bacterias. 4.- Bacterias más comunes. 5.- Levaduras. 6.- Mohos. 7.- Virus. 8.- Análisis microbiológico de los helados. 9.- Ejercicios prácticos. Las soluciones al final del libro.

1.- Diagrama del proceso de fabricación. 2.- Elaboración artesanal de helados. 3.- Descripción de los equipos y las fases de elaboración de un helado. 4.- La homogeneización. 5.- La pasteurización. 6.- La maduración. 7.- Congelación e incorporación de aire. 8.- Panel de control de la operación. 9.- Elaboración industrial de helados. 10.- Envasado de helados. 11.- Fabricación de polos y similares.12.- Ejercicios prácticos. Las soluciones al final del libro.

1.- Fórmulas. 2.- Tablas con fórmulas de helados y su preparación. 3.- Elaboración del dulce de leche. 4.- Tablas para la elaboración de granizados y otros preparados. 5.- ejercicios prácticos. Las soluciones al final del libro.

1.- La horchata de chufa. 2.- El cultivo y recolección de la chufa. 3.- Lavado, secado, limpieza y clasificación de la chufa. 4.- Proceso de elaboración de la horchata. 5.- Propiedades de la horchata. 6.- Clases de horchata. 7.- Ejercicios prácticos. Las soluciones al final del libro.

1.- El yogur. 2.- Elaboración del yogur. 3.- Composición del yogur. 4.- Helado de yogur. 5.- Composición del helado de yogur. 6.- Elaboración del helado de yogur. 7.- Ejercicios prácticos. Las soluciones al final del libro.

1.- Propósito del análisis químico. 2.- Toma de muestras. 3.- Análisis de la grasa. 4.- Determinación del contenido en proteínas. 5.- Determinación del contenido en sales minerales. 6.- Determinación del contenido en sacarosa. 7.- Determinación del extracto seco. 8.- Ejercicios prácticos. Las soluciones al final del libro.

Dedicamos este libro a todos los consumidores de helados.

Capítulo 1 LOS HELADOS

1.- Los helados: definición e historia

En la Reglamentación técnico-sanitaria de los helados, los define de la siguiente manera:

Los helados son preparaciones alimenticias que han sido llevadas al estado sólido, semisólido o pastoso, por una congelación simultánea o posterior a la mezcla de las materias primas utilizadas y que han de mantener el grado de plasticidad y congelación suficiente, hasta el momento de su venta al consumidor.

En Wikipedia vemos esta otra definición:

El helado o crema helada es un postre congelado hecho de agua, leche, crema de leche o natilla combinadas con saborizantes, edulcorantes o azúcar. En la actualidad, se añaden otros ingredientes tales como yemas de huevo, frutas, chocolate, galletas, frutos secos, yogur y sustancias estabilizantes. Se puede endulzar con azúcar, miel o edulcorantes. Es un alimento completo que aporta muchos nutrientes y vitaminas. Consumido con moderación es un buen postre o merienda para cualquier persona que siga una dieta sana y equilibrada.

Otra definición (DeConceptos.com):

El helado es un postre muy dulce y sabroso (en italiano "gelato" y en inglés "ice cream") elaborado a partir de variados ingredientes, como leche azúcar, chocolates, cremas, etc., o a base de agua y frutas, que se consume congelado, luego de batirlo para evitar que cristalice.

Por nuestra parte definimos el helado como una mezcla homogénea y pasteurizada de diversos ingredientes (leche, agua, azúcar, nata, zumos, huevos, cacao, etc.), que es batida y congelada para su posterior consumo en diversas formas y tamaños.

Parece ser que los helados más antiguos son los de agua, es decir, aquellos en que el componente básico es este líquido, al que se agregan zumos de frutas, azúcares, etc., y que actualmente conocemos como *sorbete* cuando se presenta en estado congelado, y como *granizado* cuando se presenta en estado semisólido.

En China 650 años antes de la era cristiana ya se hacía una mezcla de hielo con leche que podemos considerar como el primer helado. La nieve invernal era almacenada en cuevas profundas para su consumo en verano. Marco Polo trajo a Europa la receta para realizar estos helados.

Desde China, esta técnica se extendió a Persia, Babilonia, etc. Alejandro Magno utilizaba nieve para enfriar sus zumos de frutas y el vino.

En la Edad Media, las cortes árabes utilizaban mezclas azucaradas de frutas y especias con hielo. Las llamaban *shorbat*. Los turcos las llamaban *sorbet*, de donde probablemente viene la palabra española sorbete.

En 1686 el italiano Francesco Procopio abre en París el Café Procope, que se considera como la primera heladería del mundo. Se hizo famosa por sus helados y buen café. Este italiano empezó a utilizar la vainilla y el caco en sus elaboraciones.

El mismo Luis XIV lo felicitó por la excelente calidad de sus helados.

Figura 1.- En 1686 el siciliano Francesco Procopio abre en París lo que se considera la primera heladería del mundo. Era reconocido por sus helados y su insuperable café. Fuente: Wikiwand.

Modernamente, en 1913 se construyó la primera máquina para la fabricación de helados. Era un recipiente en cuyo interior se colocaba la mezcla que era agitada por unas aspas o aletas.

Por la pared del recipiente circula un fluido (salmuera por ejemplo) que enfriaba el contenido de la mezcla, produciendo su solidificación, a la vez que se incorporaba aire.

Quien no recuerda los carritos de helado del siglo pasado, tan comunes en países como España e Italia. La tradición heladera se extendió sobre todo por el levante español (Valencia, Alicante), hasta el punto que en muchas regiones de España, cuando llegaba el verano, también llegaban los heladeros artesanos procedentes del Levante, para ofrecer sus helados de mantecado, granizados de limón, horchata, etc.

Figura 2.- Versión moderna de la máquina que se inventó en 1913 para la fabricación de helados. Fuente: Noticias de salud y más.

En Murcia, por ejemplo, llegaban los "heladeros valencianos". En todos los pueblos había su artesano productor de helados con su carrito que aparcaba en la plaza principal. El "chambilero" se llamaba a estos vendedores de "chambis". No sé si esta palabra es correcta o no, pero se empleaba mucho en Murcia.

En la preciosa Explanada de las palmeras de Alicante, se pueden degustar desde hace muchos años unos helados excelentes. Veraneantes de todas partes de España y del extranjero se pasean por esta agradable explanada a la vez que saborean los helados alicantinos.

Jijona en Alicante es un centro muy activo en la producción de helados, que distribuyen por toda España y varios países de Europa, Norte de África, etc.

Figura 3.- El carrito de venta de helados tan típico de la mayoría de las poblaciones de Italia y España en el siglo pasado. Fuente: Jerez Siempre.

2.- Tipos de helados

Son muy diversas las clasificaciones que se pueden hacer de los helados según se atienda a su composición, apariencia, envasado, etc.

Básicamente, los helados los podemos definir como:

- *Helados de agua*, donde el ingrediente básico es este líquido. Así tenemos los granizados, sorbetes y polos de agua.
- *Helados de leche,* donde el componente básico es la leche y/o otros productos similares (nata, mantequilla, suero de leche, leche en polvo, etc.

Según su forma de presentación tenemos multitud de posibilidades: polos, conos, copas, tarrinas, cortes, tartas, granizados en vaso, envases familiares, etc.

En la Reglamentación técnico-sanitaria para la elaboración, circulación y comercio de helados y mezclas envasadas para congelar, que incluimos como anexo al final de libro, se indica la clasificación de los helados. La vamos a reproducir a continuación para más comodidad del lector:

"1. *Clasificación de los helados*. Podrán fabricarse los siguientes tipos de helados, con las características que a continuación se describen: helado crema, helado de leche, helado de leche desnatada, helado, helado de agua, sorbete, postre de helado.

a) *Helado crema*. Esta denominación está reservada para un producto que, conforme a la definición general, contiene en masa como mínimo un 8 por 100 de materia grasa exclusivamente de origen lácteo y como mínimo un 2,5 por 100 de proteínas exclusivamente de origen lácteo.

b) *Helado de leche*. Esta denominación está reservada para un producto que, conforme a la definición general, contiene en masa como mínimo un 2,5 por 100 de materia grasa exclusivamente de origen lácteo y como mínimo un 6 por 100 de extracto seco magro lácteo.

c) *Helado de leche desnatada*. Esta denominación está reservada para un producto que, conforme a la definición general, contiene en masa como máximo un 0,30 por 100 de materia grasa exclusivamente de origen lácteo y como mínimo un 6 por 100 de extracto seco magro lácteo.

d) *Helado*. Esta denominación está reservada a un producto que, conforme a la definición general, contiene en masa como mínimo un 5 por 100 de materia grasa alimenticia y en el que las proteínas serán exclusivamente de origen lácteo.

e) *Helado de agua*. Esta denominación está reservada a un producto que, conforme a la definición general, contiene en masa como mínimo un 12 por 100 de extracto seco total.

f) *Sorbete*. Esta denominación está reservada a un producto que, conforme a la definición general, contiene en masa como mínimo un 15 por 100 de frutas y como mínimo un 20 por 100 de extracto seco total.

g) Los helados definidos en los párrafos a), b), c), d), e) y f) podrán denominarse con su nombre específico, seguido de la preposición «con» y del nombre/s de la/s fruta/s que corresponda, siempre que se les adicionen los siguientes porcentajes mínimos de fruta en masa, o su equivalente en zumos naturales o concentrados, dependiendo de los siguientes tipos de fruta:

1.º Un 15 por 100 con carácter general.

2.º Un 10 por 100 para los siguientes tipos de frutas:

Todos los agrios o cítricos, tales como limones, naranjas, mandarinas, tangerinas y pomelos; otras frutas ácidas, como las frutas o mezclas de frutas en las que el zumo tenga una acidez valorable, expresada en ácido cítrico, igual o superior al 2,5 por 100; frutas exóticas o especiales, principalmente las de sabor muy fuerte o consistencia pastosa, tales como, piña, plátano, corojo, chirimoya, guanabana, guayaba, kiwi, lichi, mango, maracuyá y fruta de la pasión.

3.º Un 7 por 100 en el caso de los frutos de cáscara.

De no alcanzarse estos porcentajes, llevarán la mención «sabor» a continuación de la indicación que indique la clase de helado.

A efectos de lo previsto en este artículo, se entiende por frutas la cantidad de frutas enteras, sus pulpas o su equivalente en zumo, extracto, productos concentrados y deshidratados, entre otros.

h) Los helados definidos en los párrafos a), b), c) y d), cuyo contenido sea como mínimo de un 4 por 100 de yema de huevo, podrán denominarse con su nombre específico seguido de la palabra «mantecado».

i) Los helados definidos en los párrafos e) y f), que se presenten en estado semisólido se denominarán «granizados». El extracto seco total de los mismos será como mínimo del 10 por 100.

j) Los helados definidos en los párrafos a), b), c) y d), pesarán como mínimo 430 gramos el litro. Los productos que posean un peso comprendido entre 430 gramos y 375 gramos, se denominarán con su nombre específico precedido de las menciones «espuma», «mousse» o «montado».

k) Postre de helado. Es toda presentación de los helados definidos en esta Reglamentación, en cualquiera de sus variedades o de sus mezclas, que posteriormente se sometan a un proceso de elaboración y decoración, con productos alimenticios aptos para el consumo humano.

2. *Clasificación de las mezclas envasadas para congelar*. Podrán fabricarse los siguientes tipos de mezclas envasadas para congelar, con las características que a continuación se describen:

a*) Mezcla líquida para helados*: esta mezcla, en estado líquido, contendrá todos los ingredientes necesarios en las cantidades adecuadas, de modo que, al congelarlo, dé un producto alimenticio final que se ajuste a una de las clasificaciones expuestas.

b) *Mezcla líquida concentrada para helados*: es aquella que después de añadirle la cantidad de agua potable o leche esterilizada, dé como resultado un producto que se ajuste a una de las clasificaciones expuestas.

c) *Mezcla deshidratada para helados*: es el producto seco (conteniendo una humedad no superior al 4 por 100) que, después de añadirle la cantidad de agua potable o leche esterilizada, dé un producto que se ajuste a una de las clasificaciones expuestas"

Hasta aquí la cita de la Reglamentación técnico-sanitaria de los helados.

Figura 4.- Leche merengada. Fuente: Horchatería El Tío Ché.

3.- Otros productos asimilables a los helados (leche preparada, leche merengada, leche helada, helados de yogur, tiramisú).

Existen otros muchos productos de composición muy similar a los helados tradicionales. Así por ejemplo tenemos:

- *Leche preparada*. Se sirve fría e incluso granizada y contiene además de la leche, azúcar, limón y canela. Resulta una bebida muy agradable. Se consume mucho en España.
- *Leche merengada*. Es muy parecida a la leche preparada, pero aún más dulce. Se puede tomar líquida, sólida, granizada, batida, etc. Además de azúcar al gusto, lleva también clara de huevo, canela y ralladuras de limón.

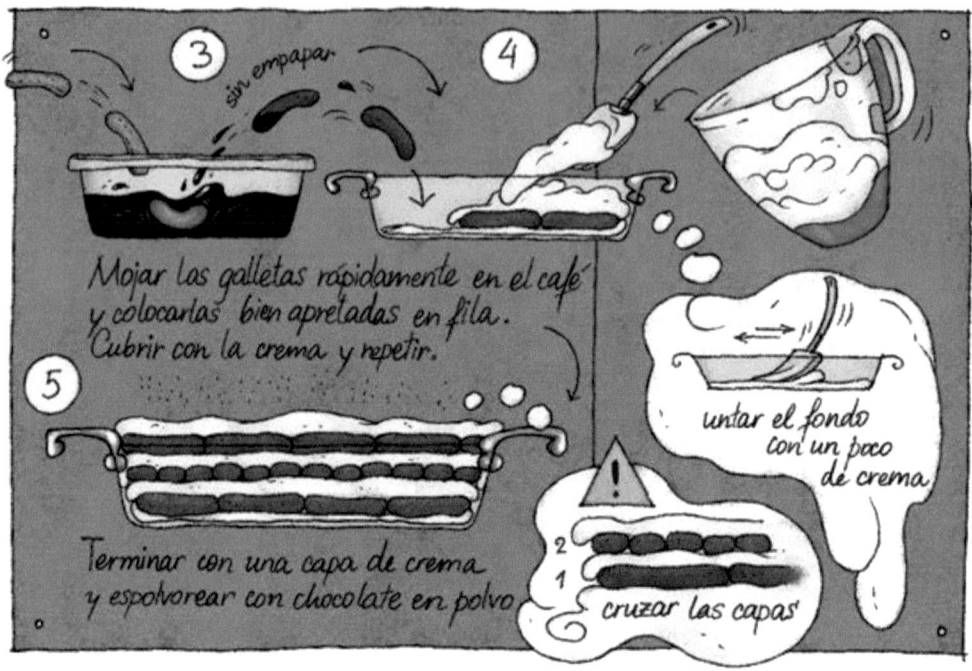

Mojar las galletas rápidamente en el café
y colocarlas bien apretadas en fila.
Cubrir con la crema y repetir.

Terminar con una capa de crema
y espolvorear con chocolate en polvo

untar el fondo
con un poco
de crema

cruzar las capas

Figura 5.- El tiramisú es un postre semifrío de origen italiano que se ha impuesto en muchos países europeos. Al café utilizado se le puede añadir licor de almendra. Fuente: Piaceri Italiani.

- *Leche helada*. Producto muy típico de Estados Unidos, donde se la conoce como *ice milk* muy parecida a nuestra leche merengada. La administración USA describe esta leche helada como el alimento preparado a base de leche y derivados, con un contenido en grasa láctea del 2 al 7 por ciento. Con un contenido en materias sólidas lácteas no inferior al 14 por ciento, que se elabora igual que un helado, con adición de azúcar, canela, etc. Suele llevar un estabilizante (en menos del 0,5%). Se expende en forma congelada (dura o blanda, según temperatura), al igual que nuestra leche merengada.

- *Helados de yogur.* Aquí se parte de leche acidificada mediante las bacterias que se utilizan para hacer yogur (*Lactobacillus bulgaricus y Streptococcus thermophilus*). Si se pretende fabricar un helado de yogur dulce y aromatizado, se añade azúcar y los aromas deseados.

- *Productos semifríos.* Son combinaciones de diversos ingredientes tales como galletas, cremas, azúcares, nata, etc., que se conservan y se consumen a temperaturas cercanas a los 0ºC, de forma que el producto no pierda su forma original, pero que no esté tan duro como los helados industriales. En Estados Unidos son muy populares las especialidades semifrías hechas con capas de helado blando y una masa de galletas y crema. En Italia, España y otros países europeos es muy popular el ***tiramisú,*** que es un postre semifrío. En el sitio de Internet "RecetaTiramisú" nos indican los principales componentes de este postre: Mascarpone (queso cremoso), huevos, yemas de huevo, bizcochos, azúcar, brandy y café.

- *Helados de leche con bajo contenido en lactosa.* Muchas personas son intolerantes a la lactosa (azúcar de la leche) ya que no pueden digerirla al tener un nivel muy bajo de la enzima lactasa en el intestino. Esta enzima se encarga de desdoblar la lactosa en sus dos componentes básicos (glucosa y galactosa). Por ello se preparan helados sin la presencia de este azúcar presente en la leche. Etc.

4.- Ingredientes utilizados en la fabricación de helados

Como ya hemos dicho anteriormente, los helados son una mezcla de diversos productos alimenticios entre los que destacan los siguientes:

- Agua potable. Muy utilizada en la confección de sorbetes, granizados y polos.
- Leche y derivados lácteos diversos tales como nata, mantequilla, leche en polvo, lactosuero, etc.
- Azúcares diversos (sacarosa, glucosa, fructosa, sorbitol, miel, etc.). También se pueden utilizar edulcorantes artificiales como la sacarina, que sustituyen a los azúcares antes citados, en el caso de la elaboración de helados para diabéticos.
- Diversas grasas de origen vegetal (coco, palma, algodón, etc.).
- Frutas y zumos de frutas (fresa, piña, limón, etc.).
- Huevos y productos derivados (huevo en polvo, clara en polvo, yema en polvo, etc.).
- Proteínas de origen vegetal.
- Almendras, avellanas, nueces, piñones, chufas, etc.
- Chocolate, café, café descafeinado, cacao, cereales y productos derivados.
- Aditivos autorizados por la legislación (espesantes, estabilizantes, conservantes, aromatizantes, colorantes, etc.).

Todos estos componentes se mezclan en las proporciones debidas. Es lo que constituye la fórmula del helado.

Esa mezcla o "mix" se pasteuriza para asegurar la destrucción de microorganismos patógenos que podrían ser perjudiciales para la salud del consumidor.

También se procede a su homogeneización para conseguir la estabilidad de la mezcla. Este proceso evita la separación de los componentes. Después viene el batido (con incorporación de aire) y congelación. El resultado final es el helado propiamente dicho.

La mezcla original (sin batido ni incorporación de aire) puede tener un extracto seco del 36 por ciento, mientras que esa misma mezlca batida con incorporación de aire, tiene solo un 18 por ciento de extracto seco en volumen, ya que se ha incorporado un volumen de aire por cada volumen de mezcla (aproximadamente).

La incorporación de aire a la mezcla durante el batido es lo que los técnicos heladeros llaman *overrun*, y que estudiaremos más adelante.

Todos estos ingredientes del helado (leche, huevos, zumos, etc.) están a su vez compuestos por:

- Hidratos de carbono tales como la sacarosa (azúcar común), lactosa (azúcar de la leche), fructosa (presente en frutas), glucosa, etc.
- Proteínas tales como caseína, albúmina, globulina, etc.
- Lípidos (conocidos como grasas y/o aceites).
- Sustancias minerales tales como calcio, fósforo, hierro, potasio, etc.
- Vitaminas (hidrosolubles y liposolubles. Vitamina A, vitamina B, vitamina C, etc.
- Agua potable.

Vamos a estudiar estos compuestos que están presentes en todos los alimentos que ingerimos.

También estudiaremos los aditivos que se utilizan en la fabricación de los helados (aromas, colorantes, estabilizantes, etc.).

5.- Los azúcares en los helados

Los hidratos de carbono o azúcares son la principal fuente de energía dc los seres vivos y están compuestos por:

- Carbono cuyo símbolo es una C.
- Hidrógeno cuyo símbolo es una H.
- Oxígeno cuyo símbolo es una O.

Estos elementos se encuentran combinados en la proporción del agua, según la siguiente fórmula: $n \times (CH_2O)$

Los hidratos de carbono son sintetizados por las plantas gracias a la llamada función clorofílica. Con la ayuda de la energía solar, los vegetales verdes toman en dióxido de carbono (CO_2) de la atmósfera y el agua (H_2O) del suelo, produciendo hidratos de carbono.

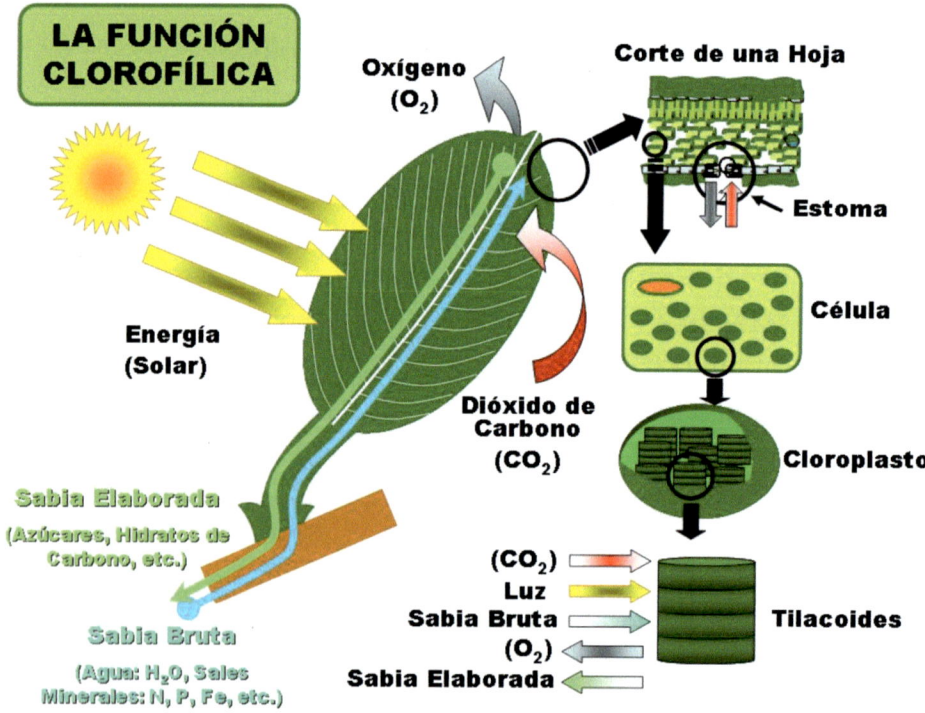

Figura 6.- Esquema de la función clorofílica realizada por las plantas para producir hidratos de carbono. Fuente: Granada Natural.

Gracias a la función clorofílica se producen hidratos de carbono tales como la glucosa y el almidón. La glucosa tiene un sabor dulce muy suave (inferior al del azúcar común o sacarosa), y se utiliza en la fabricación de helados, sirviendo para bajar el punto de congelación de la mezcla. A partir de los hidratos de carbono y con la absorción de otros compuestos presentes en el suelo (nitrógeno, hierro, etc.), las plantas forman grasas y proteínas.

Según el número de carbonos, los carbohidratos se dividen en:

- Monosacáridos.
- Disacáridos.
- Polisacáridos.

Los monosacáridos son azúcares sencillos formados por cadenas de 3, 4, 5, 6 ó 7 carbonos. Suelen ser sólidos, de aspecto cristalino, sabor dulce, muy solubles en agua. Dentro de este grupo tenemos la glucosa, fructosa y galactosa.

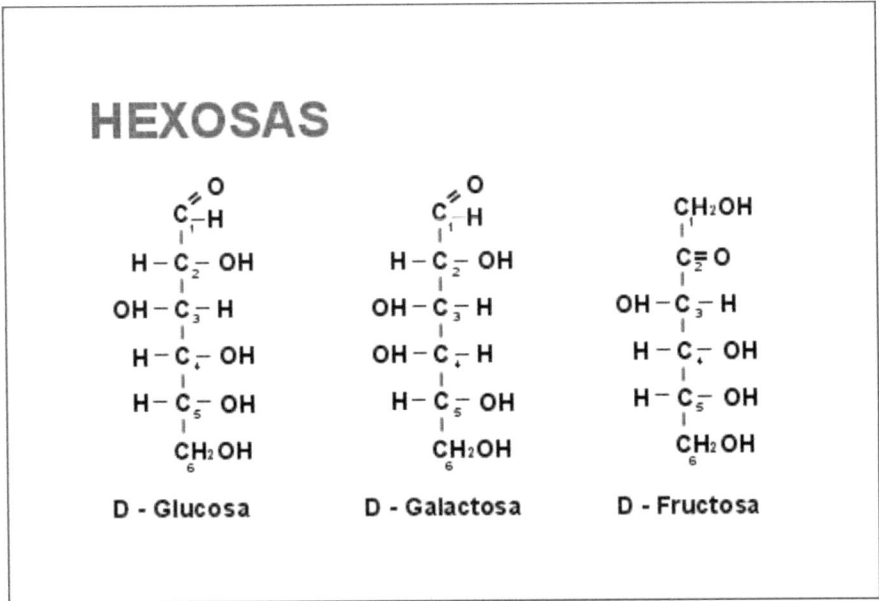

Figura 7.- Fórmulas de los monosacáridos de seis carbonos glucosa, galactosa y fructosa.

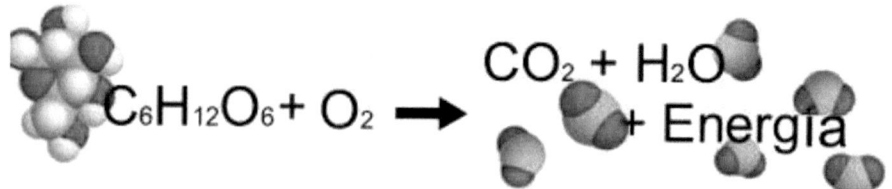

$$C_6H_{12}O_6 + O_2 \rightarrow CO_2 + H_2O + Energía$$

Figura 8.- La glucosa como alimento, al descomponerse por nuestro metabolismo libera energía que nos sirve para nuestros movimientos.

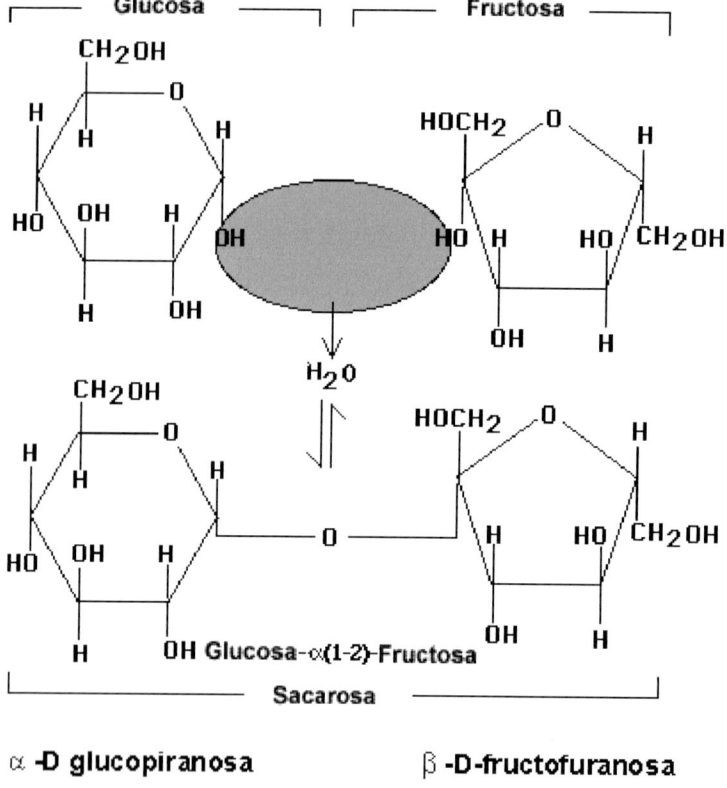

Figura 9.- Los disacáridos se forman por la reacción entre dos monosacáridos. En este caso vemos cómo la reacción entre la glucosa y la fructosa da lugar a la sacarosa (azúcar común). Fuente: Universidad Católica de Valparaiso. Chile.

La glucosa tiene un poder edulcorante suave, es soluble en agua y alcohol, desvía la luz polarizada a la derecha y se encuentra presente en la miel, mosto de uva, jarabe de maíz, etc.

La fructosa es el azúcar de las frutas y la galactosa es un monosacárido resultante del desdoblamiento de la lactosa (azúcar de la leche).

Como se indica en la Figura 8, estos azucares son alimentos que al metabolizarlos nos dan la energía necesaria para nuestros movimientos.

Por reacción de monosacáridos se forman disacáridos (sacarosa, maltosa, lactosa).

La sacarosa (Figura 9), resulta de la unión de la fructosa con la glucosa. Es el azúcar común que todos conocemos y que se obtiene de la caña de azúcar y de la remolacha azucarera. La sacarosa es el azúcar más utilizado en la fabricación de helados, ya que se suele exigir que al menos la mitad en peso del azúcar total sea sacarosa.

La maltosa resulta de la unión de dos moléculas de glucosa y se encuentra en la cebada malteada y granos de cereales germinados.

La lactosa o azúcar de la leche se encuentra únicamente en este líquido, en una proporción del 4 al 5,5 por ciento. Al desdoblarse por hidrólisis resultan los monosacáridos galactosa y glucosa.

Los polisacáridos son aquellos compuestos por tres o más moléculas de monosacáridos, formando cadenas lineales más o menos ramificadas según la fórmula **$C_{6n} H_{10n} O_{5n}$**. Entre los más importantes tenemos celulosa, almidón y glucógeno. Tienen un peso molecular alto, son sólidos e insolubles en agua. Por hidrólisis se descomponen en monosacáridos.

El almidón se encuentra principalmente en el reino vegetal (granos de trigo, cebada, maíz, centeno, en la patata). Está formado por moléculas de glucosa.

El glucógeno es un polisacárido también formado por moléculas de glucosa. Se le conoce como el almidón animal. Se forma en el hígado y en los músculos.

La celulosa es un polisacárido muy abundante en el reino vegetal, compuesto por moléculas de glucosa (Figura 1.10).

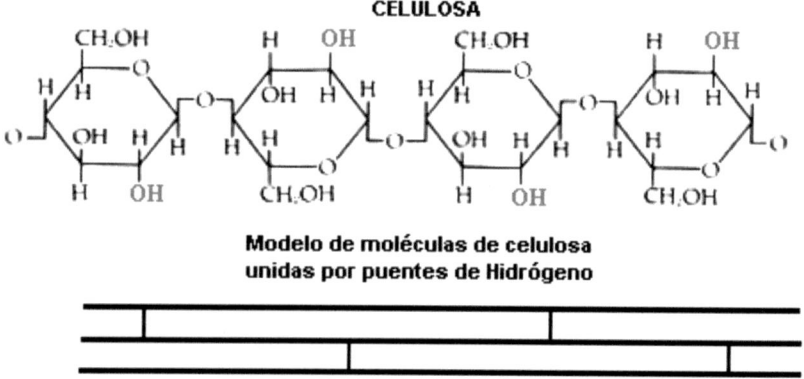

Figura 10.- Moléculas de celulosa formadas por la unión de monosacáridos glucosa. Fuente: biologia.edu.ar

6.- Funciones de los hidratos de carbono en los helados

Los carbohidratos cumplen importantes funciones como ingredientes en la elaboración de helados. Así tenemos:

- Dan el típico sabor dulce a los helados, que tanto atrae a los consumidores.
- Aumentan el contenido en sólidos de los helados, con lo que tienen un punto de congelación más bajo. Eso hace que la temperatura sea lo suficientemente baja para

garantizar su buena conservación durante el almacenamiento y la distribución.

- Contribuyen a un eficaz metabolismo de las grasas en el organismo humano.
- Los hidratos de carbono son antiacidósicos, es decir, su presencia en el organismo evita la producción de ácidos grasos.
- La flora microbiana sintetizadora de diversas vitaminas, necesita hidratos de carbono para su crecimiento y desarrollo.

7.- Las grasas

Las grasas son compuestos de carbono, hidrógeno y oxígeno, con predominio del hidrógeno, de alto valor calórico, y que se encuentran presentes en los seres vivos. Las grasas están incluidas dentro de un grupo más general, los lípidos, que se dividen en:

- Ceras. Son ésteres de ácidos grasos con alcoholes monovalentes de la serie grasa.
- Grasas neutras. Son ésteres de la glicerina con ácidos grasos.
- Lipoides. Son un grupo más o menos complejo, de propiedades físicas y químicas similares y que incluye sustancias tales como lecitinas, cefalinas, cerebrósidos, etc.

Las grasas neutras se emplean en la fabricación de helados. Pueden ser de origen animal (grasa de la leche) o vegetal (coco, palma, etc.). Como ya hemos dicho (ver la Figura 11), las grasas son ésteres de la glicerina con ácidos grasos. Las grasas son solubles en éter pero son insolubles en agua. Cuando se someten a la acción del calor, álcalis, ácidos o enzimas (lipasas), se hidrolizan en sus componentes básicos (glicerina y ácidos grasos.

Esta es la reacción de saponificación (contraria a la de esterificación de la Figura 11).

Cuando se someten a temperaturas superiores a 200ºC, las grasas se descomponen, dando lugar a una sustancia de olor penetrante y picante, que produce tos. Esta sustancia es la acroleína.

Las grasas se oxidan fácilmente en presencia de oxígeno. En el proceso de oxidación se forman ácidos grasos inferiores que son fuertemente olorosos y volátiles. Ello da lugar al enranciamiento, fenómeno que se evita en los helados por procesos físicos tales como la conservación a bajas temperaturas y al abrigo del aire. También se pueden emplear métodos químicos (menos deseables) tales como la adición de antioxidantes.

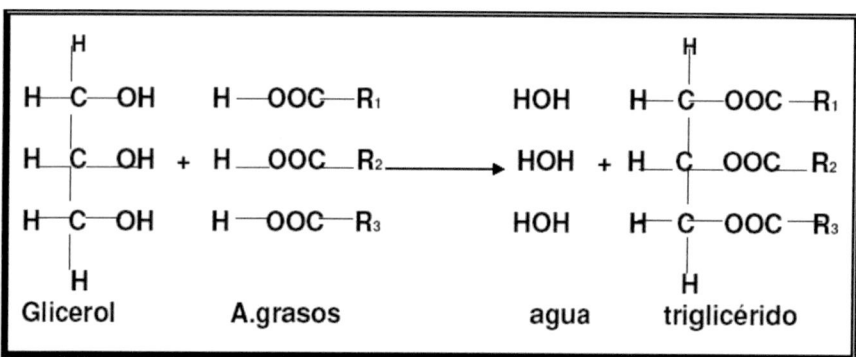

Figura 11.- Las grasas resultan de la reacción entre el glicerol (también conocido como glicerina) y ácidos grasos. Fuente: Universidad Nacional Abierta y a Distancia. Unad. Colombia.

Las grasas desempeñan importantes funciones como ingredientes en la elaboración de helados. Así tenemos:

- Ayudan a dar un mejor cuerpo y sabor a los helados.
- Aportan energía. Las grasas producen al quemarse 9 calorías por gramo, cantidad superior a la de los hidratos de carbono (4) y proteínas (4).

- Constituyen un importante aporte vitamínico. Las vitaminas A, D. K y E, son solubles en las grasas presentes en los helados.

Como inconveniente debemos citar que una ingesta excesiva de grasas, produce obesidad como consecuencia de su acumulación en diversos tejidos y órganos.

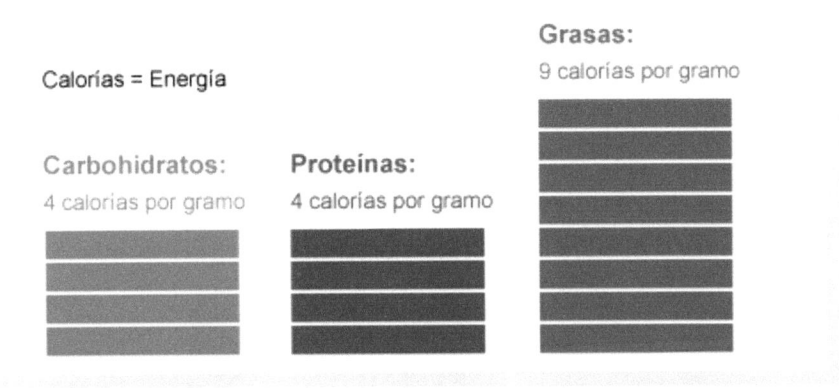

Figura 12.- Calorías que aportan los hidratos de carbono, proteínas y grasas. Como se aprecia, las grasas son las más calóricas. Fuente: UCSF. Universidad de California. San Francisco.

8.- Proteínas

Las proteínas son sustancias compuestas por carbono, hidrógeno y nitrógeno, con presencia de algún otro elemento como el fósforo, hierro y azufre, que después del agua, representan la parte más importante del organismo de los animales.

Las proteínas en los helados vienen a representar del 2 al 10 por ciento de su composición, dependiendo del tipo de helado y de los ingredientes utilizados en su elaboración.

La leche en polvo desnatada y las yemas de huevo son dos de los productos que más proteínas pueden aportar a los helados.

La palabra *proteína* viene del griego *protos* que quiere decir primero, ya que desde aquellos tiempos se conoce el importante papel jugado por estas sustancias como componentes esenciales de los seres vivos.

Están compuestas por aminoácidos de fórmula vemos en la Figura 13.

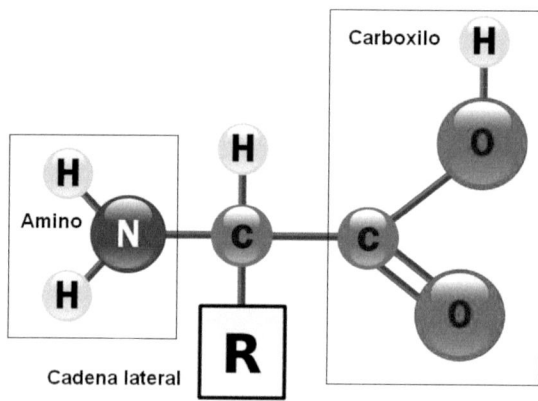

Figura 13.- Fórmula de un aminoácido. Fuente: Argenbio.

Estos aminoácidos son unidades que se unen mediante enlaces peptídicos. Estos enlaces son el resultado de la unión del grupo amino (-NH2) con el grupo carboxílico (-COOH) con la pérdida de una molécula de agua. Ver la Figura 14. Esta es la llamada *estructura primaria* de las proteínas, ya que además existen la secundaria, terciaria y cuaternaria.

La estructura secundaria consiste en el enrollamiento de la primera en espiral mediante enlaces de hidrógeno (N-H-CO). La terciaria se forma por puentes bisulfurados entre cadenas. Y la cuaternaria, la más débil, es mantenida por enlaces de poca energía.

La desnaturalización de las proteínas es precisamente la rotura en diversos puntos de las estructuras citadas, con formación de otras nuevas.

El peso molecular de las proteínas es alto, oscilando entre 15.000 y más de 200.000, y tienen diversas actividades biológicas como enzimas, inhibidores, anticuerpos, etc., además de ser la trama principal de los organismos animales.

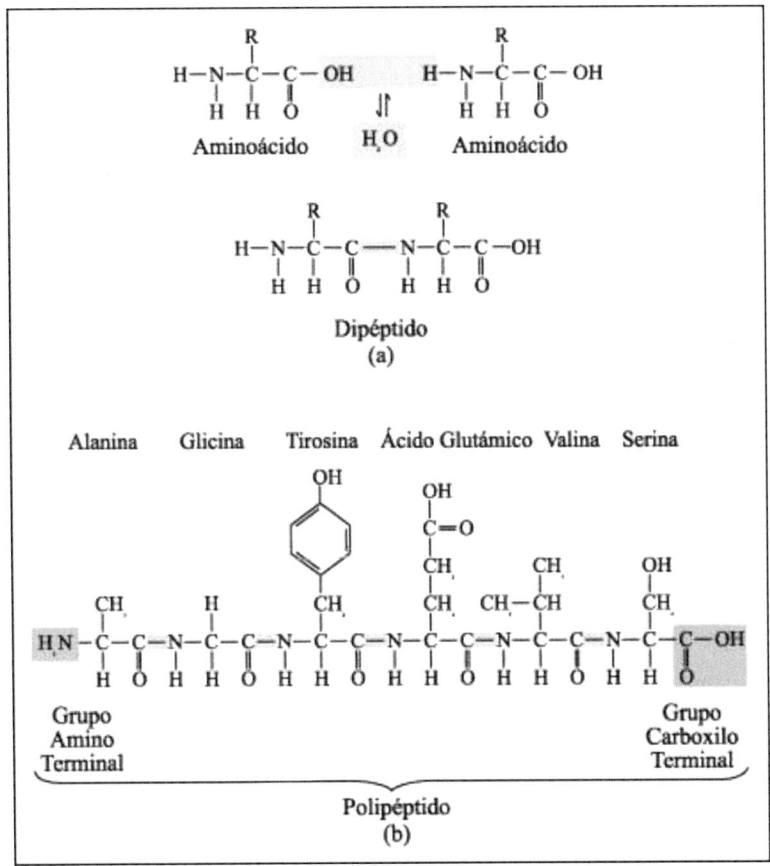

Figura 14.- Los aminoácidos se unen por enlaces peptídicos, formando polipétidos. Fuente: IES Icaria.

Nota: una molécula es la unidad más pequeña de una sustancia que presenta todas las propiedades físicas y químicas de la misma. Esa molécula está compuesta por átomos. El peso molecular es la suma de los pesos de los átomos que la componen. Por lo regular, las proteínas son insolubles en agua, se presentan en estado sólido o en suspensiones y tampoco se disuelven en alcohol, éter, cloroformo o benceno.

Los vegetales son capaces de producir sus propias proteínas a partir de sustancias nitrogenadas e hidratos de carbono, sintetizados estos últimos con la ayuda de la energía solar en la denominada función clorofílica.

9.- Las proteínas en los helados

Dentro de las proteínas que nos interesan por ser componentes de los helados, tenemos:

- Albúminas. Se encuentran presentes en la leche y suero de la leche (lactoalbúminas) así como en la clara de huevo ((ovoalbúminas). También se encuentran en algunos vegetales.
- Globulinas. Se encuentran presentes en la leche y suero de leche (lactoglobulinas).
- Caseínas. Presentes en la leche y derivados lácteos como el queso.
- Colágenos.
- Gelatinas.

Tanto las albúminas como las globulinas son de difícil aislamiento en estado puro, no atraviesan las membranas de la diálisis y precipitan fácilmente por la adición de ácido tricloroacético al 12 por ciento, así como por ácido fosfotungstico y sales minerales a concentración elevada.

Nota: las membranas de la diálisis son sustancias porosas semipermeables. Según sea el tamaño de los poros dejarán retenidas partículas de mayor o menor diámetro. Ver la Figura 15.

La acción del calor (temperaturas de 90 a 100ºC) provoca la precipitación de albúminas y globulinas.

El colágeno es la proteína integrante de los tejidos óseos, cartilaginosos y conjuntivos de los animales. Su nombre viene del hecho de que al calentarlo con agua se produce una sustancia conocida como cola o gelatina.

La gelatina se utiliza mucho en la elaboración de los helados, a dosis no superiores a 5 gramos por kilo de mezcla. Tiene un efecto ligante de la masa y ayuda a mantenerla estable en el tiempo.

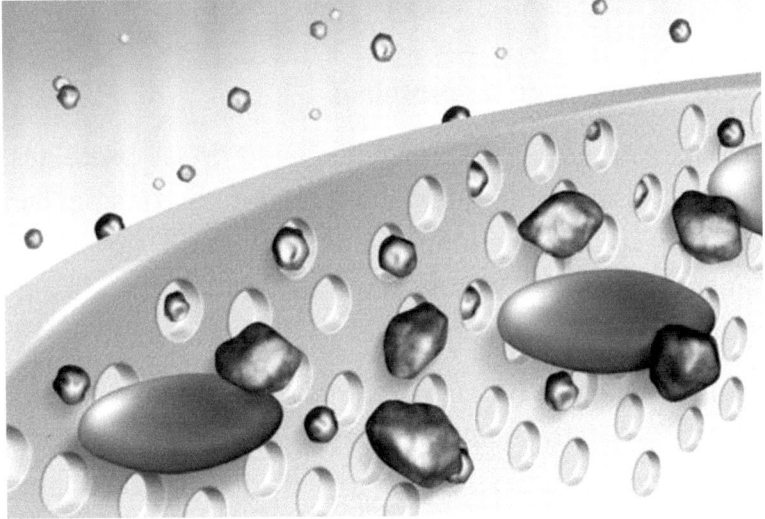

Figura 15.- Principio de funcionamiento de una membrana de diálisis. Según el tamaño de sus poros, podrá retener sustancias de mayor o menor diámetro. Fuente: B. Braun España.

Tabla 1.- Proteínas de la leche.

Proteínas presentes en la leche de vaca (cifras aproximadas)
Contenido total en proteínas………………………32-37 gramos/litro
Contenido total en caseína…………………………25-30 gramos/litro
Contenido total en globulina y albúmina……5-6,5 gramos/litro

La caseína es la proteína más abundante de la leche, representando aproximadamente el 77 al 82 por ciento de sus proteínas totales. Ver la Tabla 1. Por la acción del cuajo o ácidos, la caseína precipita, propiedad que se aprovecha para la elaboración de quesos y cuajadas.

El caseinato cálcico en proporciones no superiores a 5 gramos por kilo, se utiliza como estabilizante en la fabricación de helados.

10.- Valor biológico de las proteínas

Dentro del estudio que estamos haciendo de las proteínas, hay un concepto importante que debemos citar. Se trata del llamado valor biológico, que se define como el tanto por ciento de proteínas absorbidas y que son realmente retenidas por el organismo.

Al tomar helados u otros alimentos, estamos ingiriendo proteínas que son descompuestas en sus aminoácidos constituyentes. Después, estos aminoácidos se reagrupan para formar nuestras propias cadenas proteínicas.

Cuánto más similar sea la proteína ingerida a la que se quiere formar, mayor será su valor biológico. Es decir, que este concepto se puede definir también como:

El grado de similitud entre proteína ingerida y proteína formada.

El valor 100 se daría a aquella que por gramo de proteína ingerida diese un gramo de proteína nuestra.

Lógicamente, la proteína de origen animal es de más alto valor biológico que la vegetal cuando se habla de alimentación humana.

Tabla 2.- Valor biológico de las proteínas de algunos alimentos. Valores aproximados.

Alimentos	Valor biológico de sus proteínas
Huevo entero	100
Leche de vaca	91-94
Clara de huevo	87-89
Pecados	80-84
Carne roja	80-82
Carne de pollo	78-80
Caseína láctea	76-78
Maíz	35-37
Patatas	33-34
Soja	74-75
Arroz	58-60

Las proteínas, como ya indicábamos anteriormente, están compuestas por aminoácidos. En nuestro organismo se encuentra 21 de esos aminoácidos como se puede ver en la Figura16.

Estos aminoácidos se clasifican en dos grupos:

- Aminoácidos esenciales.
- Aminoácidos no esenciales.

Los primeros son aquellos que no puede sintetizar el ser humano y que ha de recibir inexcusablemente en su dieta, ya que de faltar uno o más de ellos se producirían trastornos en el desarrollo.

Los aminoácidos considerados como esenciales son: isoleucina, leucina, lisina, metionina, fenilalanina, treonina, triptófano, valina, histidina y arginina.

La falta de lisina en el ser humano produce anemia, debiendo ingerir unos 40 miligramos de este aminoácido por día y kilo de peso, para mantener el equilibrio adecuado.

Precisamente, los helados son una buena fuente de lisina, ya que en su composición entran a formar parte la leche y los huevos que son muy ricos en dicho aminoácido.

Una proteína se considera completa cuando es capaz de suministrar todos los aminoácidos esenciales e incompleta si le falta uno o más de dichos amino-ácidos. Esta falta se puede compensar, si se conoce, con el aporte de otras proteínas ricas en ese aminoácido, resultando la mezcla de esas proteínas en otra de mayor valor biológico.

Como resumen damos a continuación las funciones más importantes de las proteínas como ingredientes en la elaboración de helados:

- Son una fuente estabilizadora, manteniendo la estructura del helado por hidratación de las moléculas de proteínas.
- Debido a su alto valor biológico, las proteínas del helado son una excelente aportación para el desarrollo de niños, adolescentes y adultos.

- Realizan funciones de defensa, formando anticuerpos (gamma-globulinas por ejemplo), para luchar contra las infecciones.

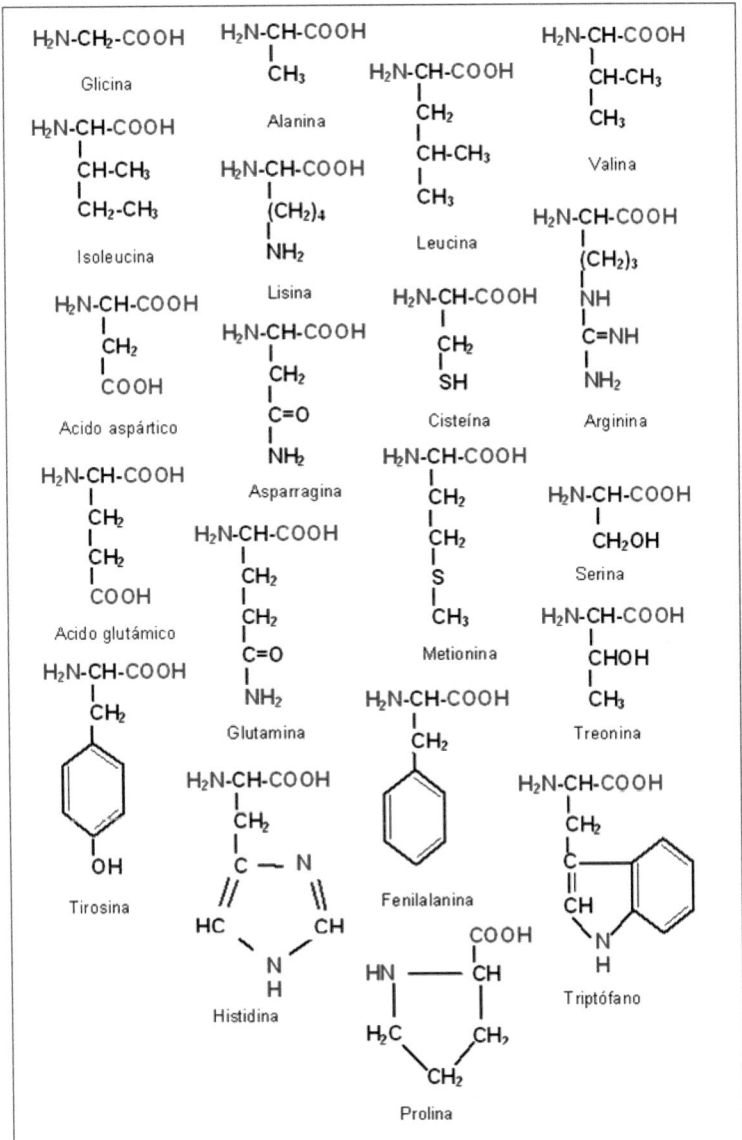

Figura 16.- Aminoácidos presentes en el cuerpo humano. Fuente: Adicción a la química.

Tabla 3.- Contenido en aminoácidos de la carne, leche y huevos. Fuente: Nutrition Data.

AMINOACIDO	Carne Magra mg/100 g muestra	Huevo entero mg/100 g muestra	leche entera mg/100 gr muestra
Triptofano	206	167	75
Treonina	804	556	143
Isoleucina	828	672	165
Leucina	1456	1088	265
Lisina	1532	914	140
Metionina	471	380	75
Cistina	206	272	17
Fenilalanina	719	681	147
Tirosina	619	500	152
Valina	896	859	192
Arginina	1164	821	75
Histidina	631	309	75
Alanina	1111	736	103
Ac. Aspartico	1682	1330	237
Ac. Glutamico	2767	1676	648
Glicina	1005	432	75
Prolina	813	513	342
Serina	704	973	107
Proteina total, gr	18,4	12,6	3,2

Las proteínas de la leche tienen un alto valor biológico, así como las de los huevos y la carne. Los helados son precisamente ricos en leche y huevo, por lo que son una excelente fuente de proteínas de alta calidad.

11.- Sales minerales

Las sales minerales son el residuo que queda después de quemar los hidratos de carbono, las grasas y las proteínas de un alimento.

Las sales minerales (calcio, fósforo, hierro, sodio, potasio, etc.) son necesarias para los organismos superiores por una serie de razones entre las que podemos destacar las siguientes:

- Tienen una función constituyente, formado parte de huesos y dientes, dándonos rigidez.
- Forman parte de algunos tejidos blandos, como es el caso del fósforo que se encuentra en el cerebro.
- Forman parte de algunos compuestos tales como enzimas, vitaminas y hormonas.
- Mantienen el equilibrio osmótico en los líquidos corporales, comportándose como iones.

Nota: *iones* son aquellos átomos que tienen una carga neta eléctrica positiva o negativa, que puede ser provocada por la ganancia o pérdida de sus electrones de la periferia.

Nota: *equilibrio osmótico* es la salida y/o entrada de agua de una célula a través de una membrana semipermeable, para mantener la misma presión a ambos lados de dicha membrana.

Los helados suelen contener 0,6 a 1 por ciento de sales minerales, procedentes en su mayoría de la leche en polvo, suero en polvo y otros productos tales como frutas, zumos de frutas, etc.

En la Tabla 4 vemos la composición media en sales de los helados, aunque pueden existir fuertes variaciones según los ingredientes utilizados en su preparación.

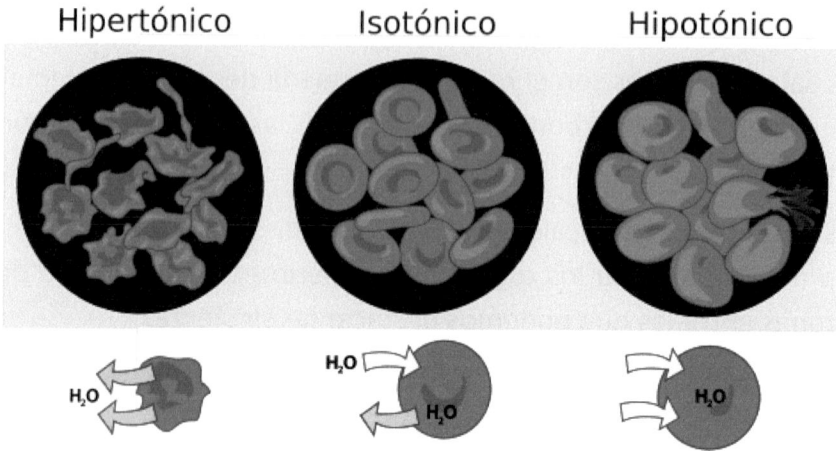

Figura 17.- En una solución hipertónica, ésta absorbe agua de la célula. En una isotónica existe equilibrio. En una solución hipotónica, la célula absorbe agua. Fuente: Buena Forma.

Tabla 4.- Contenido en sales de los helados.

Sales	Miligramos por 100 gramos
Calcio	80-138
Fósforo	45-150
Magnesio	10-20
Hierro	0,05-2
Cloro	30-205
Sodio	50-180
Potasio	60-175

Los helados son ricos en calcio y fósforo. Las necesidades diarias de calcio y fósforo en el ser humano son de 1 gramo y 1.2 gramos por día respectivamente.

El calcio es importante para que se lleve a cabo el proceso de coagulación de la sangre. El fósforo entra a formar parte del esqueleto y es necesario para el metabolismo de los hidratos de carbono.

Existen otros elementos como el zinc, iodo, cobalto, manganeso, etc., conocidos como *oligoelementos* que se encuentran en mu pequeñas cantidades en los alimentos pero que también son indispensables para el ser humano.

Tabla 5.- Funciones de algunos minerales y oligoelementos. Fuente: Sites. Google.

MINERALES Y OLIGOELEMENTOS	
Potasio	función nerviosa y muscular
Magnesio	mineral para la piel y contra el estrés
Calcio	formación ósea y dental
Fósforo	para el almacenamiento de energía y la generación ósea
Cinc	activa numerosas enzimas
Cromo	importante para la regulación del azúcar en sangre
Selenio	activa las reacciones enzimáticas
Cobalto	componente de la hemoglobina
Hierro	formación de glóbulos rojos, transporte de oxígeno
Cobre	metabolismo energético, actividad enzimática
Molibdeno	activa las enzimas
Manganeso	estimula la generación ósea y de los tejidos conjuntivos

12.- Vitaminas

Vitamina es una palabra compuesta que viene de *vita*, que significa vida, y *amina,* de la sustancia química de este nombre.

Funk fue el científico que bautizó así a un grupo de sustancias que, aunque su proporción en los seres vivos es muy pequeña, su importancia es muy grande por las misiones biológicas que realizan.

Su descubrimiento partió de la necesidad de curar determinadas enfermedades tales como el escorbuto, la pelagra, etc.

Las vitaminas le son suministradas al ser humano en los alimentos que recibe, aunque algunas de ellas ((B, D, K) son sintetizables por el propio organismo gracias a:

- Rayos ultravioleta procedentes del sol (la provitamina D pasa a vitamina D).
- Acciones bacterianas en el aparato digestivo (vitaminas B y K).

El ser humano necesita durante toda su vida tomar vitaminas, pero con mayor énfasis durante los periodos de crecimiento.

Según sean solubles en agua o grasa, las vitaminas se clasifican en dos grandes grupos:

- Vitaminas hidrosolubles: complejo vitamínico B, PP, C y H.
- Vitaminas liposolubles: A, D, E y K.

La Tabla 6 nos da la cantidad de algunas de las vitaminas presentes en un litro de leche y un litro de helado. Como se puede apreciar, un litro de helado suele ser más rico en vitaminas que uno de leche. Ello es debido a que el helado, además de leche, lleva otros ingredientes tales como nata, huevos, zumos, etc., que aportan un contenido vitamínico muy importante.

Los helados de crema, ricos en grasas, tienen un contenido importante de en vitaminas A y D (solubles en las grasas). Los sorbetes y granizados con zumos de frutas tienen más vitaminas hidrosolubles (B1, B2, C).

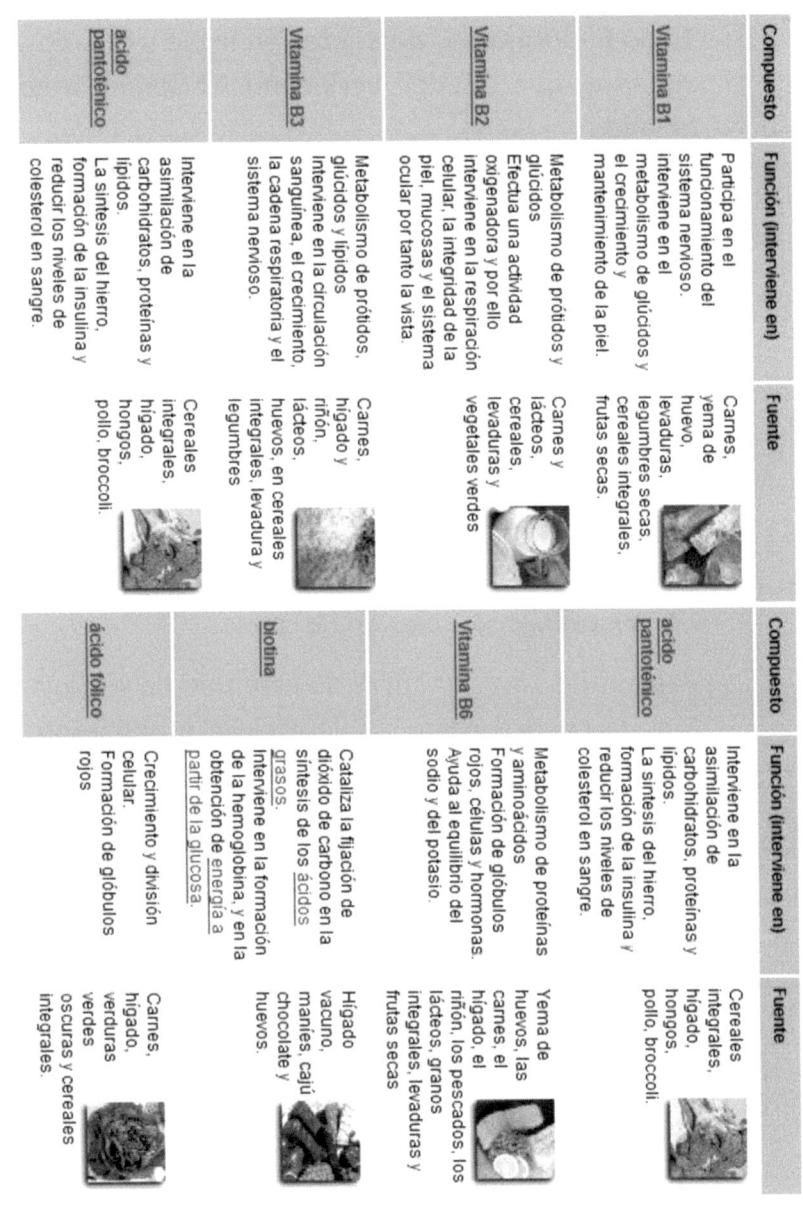

Compuesto	Función (interviene en)	Fuente	Compuesto	Función (interviene en)	Fuente
Vitamina B1	Participa en el funcionamiento del sistema nervioso. Interviene en el metabolismo de glúcidos y el crecimiento y mantenimiento de la piel.	Carnes, yema de huevo, levaduras, legumbres secas, cereales integrales, frutas secas.	ácido pantoténico	Interviene en la asimilación de carbohidratos, proteínas y lípidos. La síntesis del hierro, formación de la insulina y reducir los niveles de colesterol en sangre.	Cereales integrales, hígado, hongos, pollo, broccoli.
Vitamina B2	Metabolismo de prótidos y glúcidos. Efectúa una actividad oxigenadora y por ello interviene en la respiración celular, la integridad de la piel, mucosas y el sistema ocular por tanto la vista.	Carnes y lácteos, cereales, levaduras y vegetales verdes	Vitamina B6	Metabolismo de proteínas y aminoácidos. Formación de glóbulos rojos, células y hormonas. Ayuda al equilibrio del sodio y del potasio.	Yema de huevos, las carnes, el hígado, el riñón, los pescados, los lácteos, granos integrales, levaduras y frutas secas
Vitamina B3	Metabolismo de prótidos, glúcidos y lípidos. Interviene en la circulación sanguínea, el crecimiento, la cadena respiratoria y el sistema nervioso.	Carnes, hígado y riñón, lácteos, huevos, en cereales integrales, levadura y legumbres	biotina	Cataliza la fijación de dióxido de carbono en la síntesis de los ácidos grasos. Interviene en la formación de la hemoglobina, y en la obtención de energía a partir de la glucosa.	Hígado vacuno, maníes, cajú, chocolate y huevos.
ácido pantoténico	Interviene en la asimilación de carbohidratos, proteínas y lípidos. La síntesis del hierro, formación de la insulina y reducir los niveles de colesterol en sangre.	Cereales integrales, hígado, hongos, pollo, broccoli.	ácido fólico	Crecimiento y división celular. Formación de glóbulos rojos	Carnes, hígado, verduras verdes oscuras y cereales integrales.

Figura 18.- Las vitaminas y las funciones que realizan en el ser humano. Fuente: Redolat Team.

Tabla 6.- Vitaminas presentes en leche y helados. Valores aproximados, que pueden variar mucho según la composición del helado.

Vitamina	Leche (mg/l)	Helados (mg/l)
A	0,2-1	0,2-1,3
B1	0,4	0,2-0,7
B2	1,7	1,7-2,3
C	5-20	3-35
D	0,002	0,002

13.- Vitaminas solubles en las grasas

Veamos las características de este tipo de vitaminas. La vitamina A se la conoce como antiinfecciosa y antixeroftálmica por sus propiedades para luchar contra las infecciones y las enfermedades de los ojos. Se la conoce también como axeroftol o retinol. Es sensible a la luz pero resistente al calor. Es abundante en la leche, huevos, helados, quesos, etc.

La vitamina D o calciferol se encuentra en la leche, huevos, helados, pescados, carnes, etc. Se la conoce también como antirraquítica, ya que previene y cura el reblandecimiento de los huesos, favoreciendo la absorción y depósito de calcio y fósforo en los mismos.

La vitamina E, tocoferol o antiestéril, como se la suele conocer, está especialmente presente en los aceites de germen de cereales, en la lechuga, etc. Se la conoce como antiestéril porque su ausencia en la dieta puede provocar esterilidad. Así se ha vista que las gallinas alimentadas con una dieta pobre en vitamina E, dan huevos estériles.

La carencia de vitamina E provoca esterilidad pasajera en las hembras y permanente en los machos. La vitamina K o antihemorrágica se la llama así porque su carencia provoca hemorragias. Se encuentra en grasas, aceites vegetales, tomates, etc.

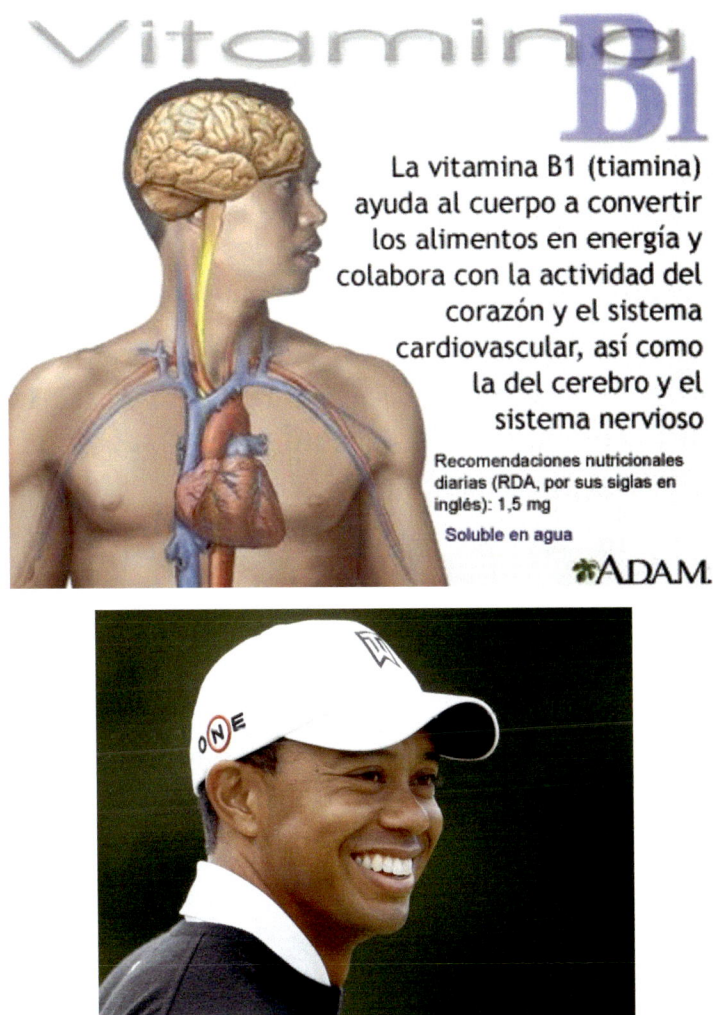

Figura 19.- Propiedades de la vitamina B1 también conocida como tiamina. Fuente: A.D.A.M. Nota: observen el parecido con el famoso golfista Tiger Woods.

14.- Vitaminas solubles en agua

Dentro de este grupo tenemos la vitamina B, tiamina o anti beri-beri. El beri-beri es una enfermedad carencial (fatiga, vómitos, debilidad, calambres, diarreas) que aparecía en China y Japón en comunidades cuyo alimento básico era el arroz descascarillado.

En las comunidades que se alimentaban de arroz con su cáscara no se presentaba esta enfermedad. La tiamina se encuentra en carnes, cereales, patatas y leguminosas.

La vitamina B2 también llamada riboflavina, es sintetizada por los organismos presentes en el rumen de los animales rumiantes y es un factor importante para el crecimiento. Se encuentra presente en carnes, huevos, helados, etc.

La vitamina B12 o antianémica, lleva cobalto en su fórmula. Estimula el crecimiento y el apetito, siendo abundante en el hígado, riñones y carne de pollo.

Figura 20.- La riboflavina se encuentra presente en carnes, leche, huevos, helados, etc. Fuente: A.D.A.M.

La vitamina B6 (piridoxina) tiene una marcada influencia sobre el metabolismo de las proteínas y su carencia provoca enfermedades cutáneas, caída del pelo y disminución de peso. La leche, pescado, huevos y helados son alimentos ricos en esta proteína.

La vitamina B3 o niacina actúa en el metabolismo celular. Ayuda en la eliminación de compuestos químicos presentes en el cuerpo. También participa en la producción de hormonas sexuales. Se encuentra presente en tomates, zanahorias, plátanos, nueces, etc.

La vitamina C o ácido ascórbico es muy sensible al calor y a la luz. Se la conoce como la vitamina antiescorbútica. Se encuentra en los alimentos frescos (naranjas, limones, leche, etc.). Su carencia produjo muchas víctimas entre la marinería de épocas anteriores, por la carencia de alimentos frescos en los barcos.

15.- Valor nutritivo de los helados

Las Tablas 7 y 8 nos dan la composición media de diversos tipos de helados (tradicionales, basados en el yogur, chocolate, nata, etc.). Los helados, por ser una mezcla de diversos alimentos de alta calidad (leche, nata, huevos, almendras, zumos de frutas, etc.), reúnen en ellos los valores nutritivos de todos ellos.

Los helados están considerados como una fuente de:

- Proteínas de alto valor biológico. Las proteínas de los helados suelen contener todos los aminoácidos esenciales para la vida.
- Vitaminas de todos los tipos. Los helados tienen tanto vitaminas solubles en grasas como en el agua, debido a que en su composición entran tanto grasas (procedentes de la nata, leche y otros ingredientes) como zumos de frutas o frutas naturales.

Tabla 7.- Composición media de diversos tipos de helados.
Fuente: Rubén Bravo. Dieta Días Alternos. 2 helados al día para perder peso. Instituto Médico Europeo de la Obesidad.

Comparativa de los valores nutricionales por 100 gramos de producto*					
	Helado tradicional (marca comercial)	Helado de yogur (marca comercial)	Yogur para congelar (marca comercial)	Yogur estilo griego (marca comercial)	Yogur natural azucarado** (marca comercial)
Valor energético (kcal)	326,7	200,0	180,8	109,0	81,0
Grasa (g)	21,51	11,00	8,50	3,50	1,90
Grasas Saturadas (g)	12,91	9,00	4,90	2,30	1,20
Grasas Trans (g)	-	-	-	-	-
Azúcares (g)	22,67	24,00	8,2	13,60	12,30
Proteínas (g)	4,53	3,00	2,33	5,40	3,00
Calcio (mg)	-	-	-	172,00	120
Gluten	-	-	Sin Gluten	-	Sin Gluten

*Datos extraídos a partir de la información nutricional de las etiquetas de productos comercializados.
**Yogur natural azucarado de venta en supermercados.

- Energía calórica para el desarrollo de la vida. Los helados son ricos en azúcares diversos (sacarosa, glucosa, fructosa, etc.).
- Sales minerales diversas (calcio, sodio, potasio, magnesio, etc.). Los helados, por su riqueza en leche, zumos, frutos secos, huevos, etc., aportan a la alimentación humana un contenido importante en sales minerales, indispensables para la vida.

Todo esto viene a avalar la necesidad de considerar los helados, no como una simple golosina o refresco veraniego, sino como un alimento exquisito y nutritivo que aporta elementos muy importantes para una alimentación equilibrada tanto en la niñez como en la etapa adulta. Son muchos los países donde el consumo de helados es prácticamente continuo sea cual sea la estación del año. Esta tendencia se está imponiendo en los países (como España) donde tradicionalmente los helados se consumen solo en la estación veraniega.

Tabla 8.- Composición de diversos tipos de helados. Línea hacendado de Mercadona. Fuente: Building My New Body.

Composición nutricional por unidad							
Tipo	Peso por ud (g)	Calorías	Grasas	Hidratos de Carbono	Fibra	Proteínas	Sal
Sandwich de nata	56	123	3,6g Saturadas 2,1g	22 Azúcares 0,8 Polialcoholes 8,2	3,4 g	3,0g	0,22g
Mini conos de chocolate y nata	22	64	3,1g Saturadas 2,1g monoinsaturadas 0,85 poliinstaturadas 0,25	9,6 Azúcares 0,8 Polialcoholes 5,4	0,5g	1,3g	0,02g
Cremoso de limón	63	39	0,2 g 0,2g	6,3 Azúcares 0,8 Polialcoholes 5,4	4,9g	0,2g	0,02 g
Mini bombón almendrado	41	124	8,4 Saturadas 5,5g monoinsaturadas 2,3 poliinstaturadas 0,5	12,9 Azúcares 2,9 Polialcoholes 9	0,6g	2,5g	0,07g
Mini bombón leche	41	111	7,3 Saturadas 5,5g monoinsaturadas 0,2	13,2 Azúcares 2 Polialcoholes 9,9	0,4g	1,8g	0,14g
Mini bombón negro	41	114	7,4 Saturadas 5,6g monoinsaturadas 21,6 poliinstaturadas 0,2	13,3 Azúcares 2,9 Polialcoholes 9,3	0,8g	2,1g	0,08g

16.- Estructura física de los helados (disoluciones, suspensiones y coloides)

Los alimentos tienen una estructura física determinada. Hay alimentos sólidos como la carne, el pescado, las patatas, las manzanas, etc. Existen otros alimentos líquidos como el agua, la leche, los zumos de frutas, etc.

Cuando un alimento es el resultado de varios otros, puede presentar diversas estructuras físicas.

En el caso de los helados, su estructura puede parecer típicamente sólida cuando están bien congelados. También pueden presentar una estructura pastosa, semisólida, cuando están cercan de su punto de fusión. Si se le deja fundir a temperatura ambiente pasarán al estado líquido.

Dentro del helado pueden presentarse casi todos los tipos de estructuras físicas. Como se aprecia en la Tabla 8 los sistemas de dispersión se clasifican en función del tamaño de las partículas, y pueden ser tres:

- Solución.
- Coloides y emulsiones.
- Suspensión.

Tabla 9.- Tipos de sistemas dispersos. Fuente: Full Química.

Tipo	Partícula dispersa	Tamaño de particulas (Ø)	Fase (masa homogenea)	Al reposar	Filtrabilidad	Ejemplos
solucion	átomo, ion o molecula	Ø < 1 nm	monofasica (1 fase)	No se separa	No filtrable	agua azucarada, aire humedo
coloide	particula coloidal	1 nm < Ø < 1000 nm	difasica (2 fases)	No se separa	No filtrable	gelatina, neblina, spray
suspension	particula ordinaria	Ø > 1000 nm	trifasica (3 fases)	Se separa	Es filtrable	jarabes, agua tibia, aire polvoriento

Una *disolución* es una mezcla homogénea a nivel molecular o iónico, entre dos o más sustancias que no reaccionan entre sí. Estas sustancias se pueden encontrar en proporciones variables según los casos.

Como ejemplo de disolución tenemos el caso del azúcar común en agua. El agua es el disolvente (líquido) y el azúcar es el soluto (sólido). En el caso de los helados, el azúcar puede estar disuelto en agua, leche, nata, etc.

Otro ejemplo de disolución verdadera es la de sal (cloruro sódico) en agua, que denominamos como salmuera.

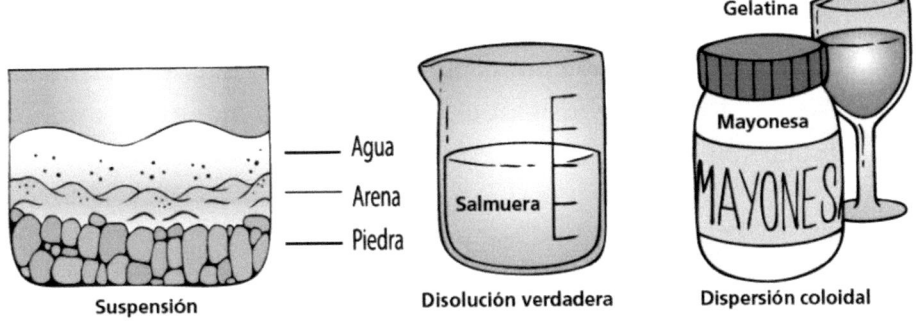

Figura 21.- Ejemplos de suspensiones, disoluciones y dispersiones coloidales. Fuente: ABC. Paraguay.

Los *coloides*, también llamados dispersiones coloidales o dispersiones coloidales, son el resultado de una mezcla de dos o más sustancias, donde una de ellas es fluida y la otra es sólida y se dispersa en forma de diminutas partículas en la primera. La fase fluida (la más abundante), suele ser líquida es la conoce como fase dispersante. Las partículas sólidas se encuentran en menor proporción y se la conoce como fase dispersa. Las partículas de esta fase dispersa no se pueden ver a simple vista. Las fases no se separan. Como ejemplo tenemos el caso de la mayonesa, que tiene varios ingredientes tanto líquidos (aceite) como sólidos (sal común) o semilíquidos (huevos).

La emulsión es el resultado de la mezcla de dos líquidos no solubles entre sí. El caso más típico es el de aceite en agua. Uno de los líquidos (fase dispersa, por ejemplo aceite) es dispersado en el otro líquido (fase dispersante, por ejemplo agua).

En este caso se dice que estamos ante una emulsión de aceite en agua. También puede presentarse el caso contrario (emulsión de agua en aceite). Ejemplos de emulsiones son la leche, la mantequilla, la nata, la margarina, etc. El helado es otro ejemplo de emulsión, donde las gotas de grasa forman una emulsión con el agua.

La mantequilla es una emulsión de agua en grasa, ya que son pequeñas gotas de agua las que están ocluidas en una masa grasa. La leche es una emulsión de grasa en agua, ya que en este caso son los pequeños glóbulos de grasa los que están dispersos en una solución acuosa.

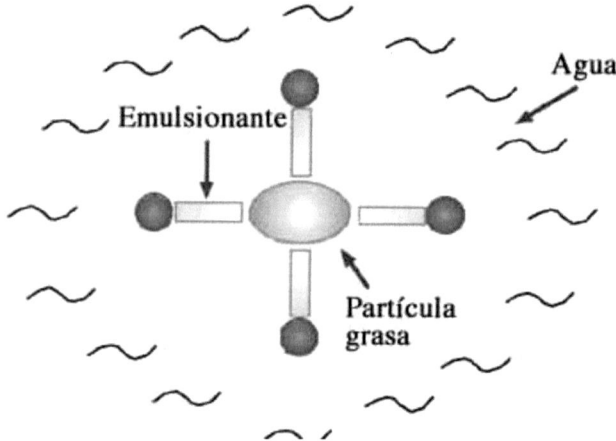

Figura 22.- **Los agentes emulsionantes se colocan en la interfase, atrayendo por un lado al agua, y por otro a las partículas de grasa, con lo que se asegura la estabilidad del sistema. Es decir evita la separación de las fases inmiscibles (agua y grasa).**

17.- Agentes emulsionantes

Hay agentes emulsionantes naturales y sintéticos que se añaden a las emulsiones para que permanezcan estables (lecitinas, monoésteres de propilenglicol, etc.).

El agente emulsionante, por un proceso de esterificación, se modifica para contener:

- Radicales solubles en agua (hidrófilos).
- Radicales solubles en grasa (lipófilos o hidrófobos).

Es decir, el agente emulsionante colocado en la interfase, atrae por un lado a la fase acuosa y por otro a la grasa, manteniendo así la estabilidad del sistema.

La espuma formada en un helado como consecuencia del batido con incorporación de aire es otra forma de emulsión.

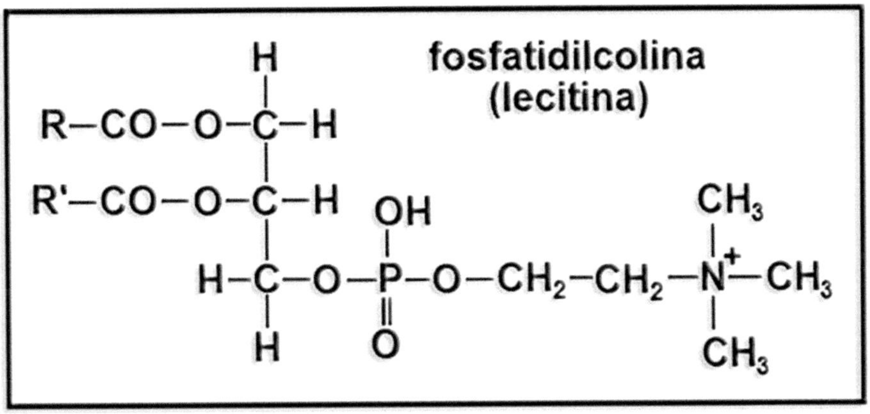

Figura 23.- Fórmula de las lecitinas. Fuente: Biología Sur.

18.- Ejercicios prácticos. Las soluciones al final del libro.

1.- ¿Cómo definirías qué es un helado?

2.- ¿Cuáles son los principales ingredientes de los sorbetes?

3.- Los helados de crema contienen:

a) 8 por ciento de grasa como mínimo.
b) Un máximo del 1,5 por ciento de grasas.
c) No contienen grasas.

4.- Enumerar algunos de los componentes de la leche merengada

5.- Enumerar algunos de los componentes del tiramisú

6.- Indicar la clasificación de los hidratos de carbono en función de su número de carbonos

7.- La sacarosa está compuesta por:

   a) Galactosa y fructosa.
   b) Fructosa y glucosa.
   c) Glucosa únicamente.

8.- ¿Qué son las grasas neutras?

9.- Las proteínas en los helados representan:

   a) 12 a 25% de su composición.
   b) 0,5 a 0,8% de su composición.
   c) 2 a 10% de su composición.

10.- Definir qué es el Valor Biológico de las proteínas

11.- Enumerar los dos grupos principales en que se clasifican las vitaminas

Capítulo 2 MATERIAS PRIMAS Y ADITIVOS UTILIZADOS EN LA FABRICACIÓN DE HELADOS

1.- Ingredientes y aditivos

Los ingredientes utilizados en la elaboración de helados los podemos dividir en dos grupos:

- Ingredientes propiamente dichos.
- Aditivos.

Los primeros son los constituyentes esenciales de los helados y los segundos solo se utilizan como mejorantes o conservantes de sus cualidades. Entre los primeros tenemos: leche y derivados lácteos, grasas comestibles, huevos y sus derivados, azúcares alimenticios y miel, chocolate, café, cacao, vainilla, cereales, frutas y zumos de frutas, almendras, avellanas, nueces, piñones, turrones, chufas, bebidas alcohólicas, agua potable, proteínas de origen vegetal, etc.

A la hora de hacer las mezclas para elaborar helados, es importante conocer la composición y las características de las materias primas que se utilizan.

2.- Los productos lácteos

Además de la leche propiamente dicha, son muchos los derivados utilizados en la fabricación de helados. Así tenemos: leche desnatada, nata, mantequilla, leche concentrada, leche condensada, leches fermentadas (yogur), leche en polvo (entera o desnatada), lactosuero líquido o en polvo, etc.

La leche natural es el producto íntegro del ordeño de hembras mamíferas. Con la denominación genérica de leche se sobre-entiende que nos referimos a la leche de vaca que es la que se utiliza como ingrediente en la fabricación de helados. Fn la Figura 1 vemos la composición media de la leche de vaca.

La leche utilizada en la fabricación de helados debe ser de buena calidad y no tener una acidez superior a 0,19 gramos/100 mililitros (expresada en ácido láctico). Para ello, la leche desde su ordeño hasta su utilización final debe tratarse de forma higiénica y debe mantenerse refrigerada (3 a 6ºC).

Las granjas deben disponer de sistemas de ordeño mecánico y depósitos refrigerados para la conservación de la leche.

El transporte posterior de la leche desde la granja hasta las centrales lecheras o las grandes fábricas de helado, debe hacerse en cisternas de acero inoxidable, que al llegar a su destino se conectan a una bomba (a veces la cisterna lleva su propia bomba), que descarga la leche en depósitos de recepción.

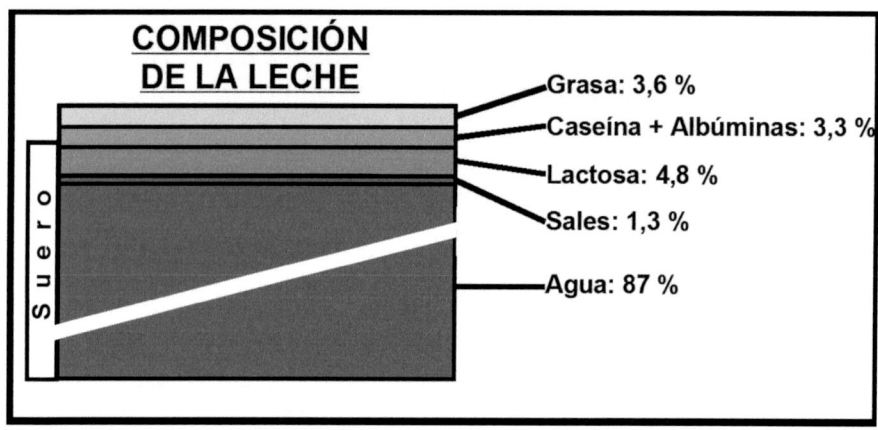

Figura 1.- Composición media de la leche de vaca. Fuente: Taringa.

En las heladerías artesanales la leche se recibe de las centrales lecheras, donde ha sido higienizada, homogeneizada, pasterizada o esterilizada y envasada convenientemente. A veces, es más cómodo utilizar leche en polvo.

La utilización de la leche en polvo tiene sus ventajas: se almacena semanas sin deterioro y ocupa poco espacio.

3.- Leche pasterizada, esterilizada y UHT

En la Figura 2 tenemos las operaciones que se realizan con la leche hasta tener los siguientes tipos:

- Leche pasterizada.
- Leche esterilizada.
- Leche UHT.

La leche se pasteriza a temperaturas que oscilan entre 65 y 78ºC. Cuánto menor es la temperatura utilizada mayor debe ser el tiempo de mantenimiento de la misma.

Actualmente se tiende a utilizar temperaturas altas (72 a 78ºC) donde periodos de tiempo muy cortos (4 a 20 segundos). De esta forma se preservan mejor las cualidades organolépticas de la leche.

El propósito de la pasterización es destruir los microorganismos patógenos que pudiese contener. La leche pasterizada se debe enfriar a unos 4ºC hasta su consumo. Su vida útil es de unos 3 a 6 días.

La leche esterilizada es aquella que se somete a una temperatura de 121-125ºC durante periodos largos de tiempo (20 a 25 minutos) para conseguir la destrucción de todos los micro-organismos presentes en la leche.

Para ello, la leche se envasa en botellas de vidrio, que se tapan y que entran a una torre de esterilización donde se someten al tratamiento citado.

De esa forma se consigue un conjunto esterilizado (envase y contenido), que se puede conservar durante meses sin necesidad de refrigeración durante el almacenamiento. De todas formas debe evitarse la luz y las temperaturas altas.

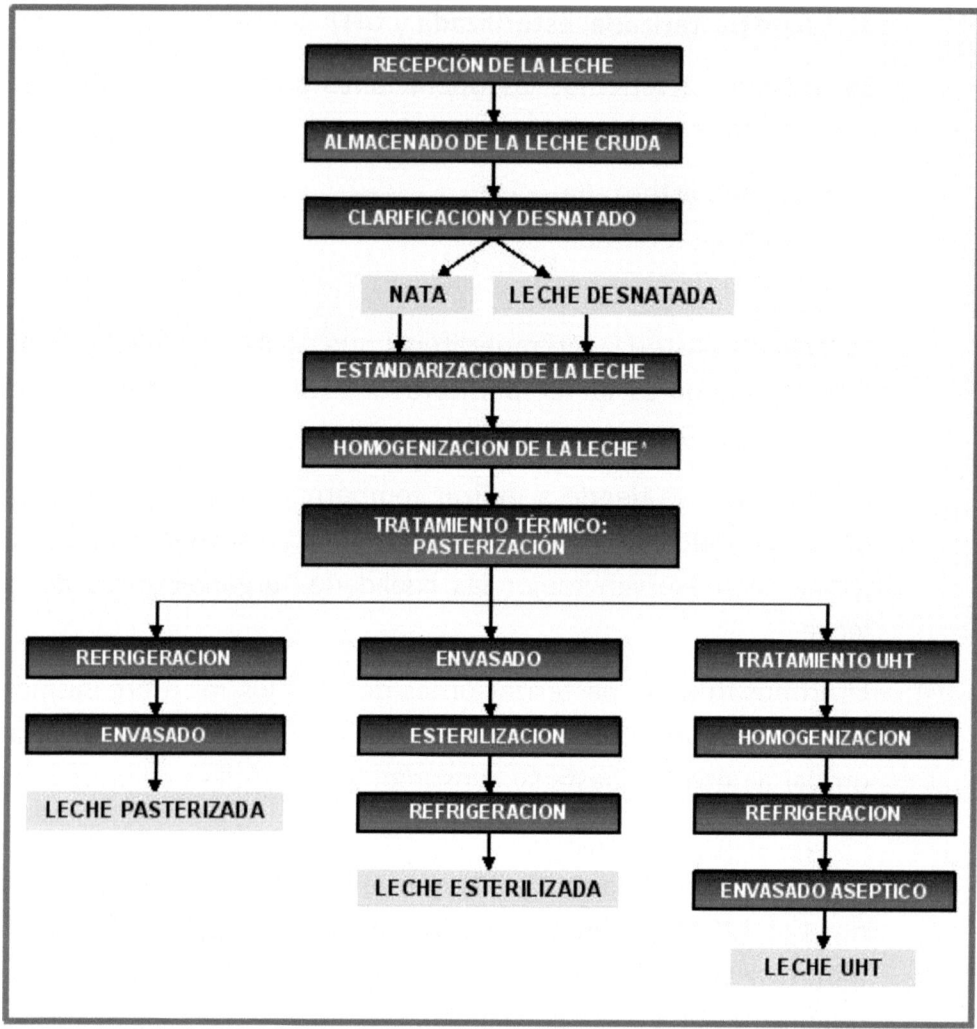

Figura 2.- Tratamiento de la leche hasta obtener leche pasterizada, esteriliza y UHT. Fuente: Laura García y Verónica Olmo. Universitat Politècnica de Catalunya.

La leche UHT es la que se envasa de forma aséptica (en ausencia de microorganismos) y que previamente ha sido sometida a una temperatura muy alta (136 a 138ºC) durante unos pocos segundos (3 a 6).

4.- Leche en polvo

La leche en polvo se obtiene a partir de leche cruda por eliminación de casi toda su agua de constitución, pasando de un 86-87% de humedad inicial a tan solo 3-5%. Antes del proceso de secado la leche debe haber sido higienizada y pasterizada. También se procede a la estandarización de su contenido en grasa. Así tenemos:

- *Leche entera en polvo*. Es la que ha sido secada con su grasa, debiendo tener al final del proceso de secado un contenido mínimo del 24-26% de grasa.
- *Leche desnatada en polvo*. Es la que ha sido desnatada antes del secado, de forma que al final tenemos un producto con un contenido en grasa no superior al 1,2-1,5%.

La leche en polvo utilizada en la fabricación de helados debe ser color uniforme, blanco o cremoso claro, carente de color amarillo pardo (característico de un producto que ha sido sometido a un calentamiento excesivo). El olor y el sabor de la leche en polvo debe ser fresco y puro, antes y después de su reconstitución.

Tabla 1.- Composición media de la leche en polvo (entera y desnatada) en tanto por ciento.

Composición en tanto por ciento (%)		
	Leche en polvo entera	Leche en polvo desnatada
Agua	2,5-5	2,5-5
Grasa	24-26	1,2-1,5
Proteínas	26-28	35
Azúcares	32-36	52
Sales minerales	5-6	8

Para que la leche no se queme durante el proceso de secado se suelen utilizar torres de atomización como la que vemos en la Figura 3. Como se parecía en esta figura, el producto entra por la parte superior de la torre, y se atomiza finamente mediante una boquilla tipo espray, de forma que el líquido se divide en finísimas gotitas. A la vez se inyecta aire caliente que roba la humedad al producto de forma muy suave, es decir a baja temperatura (menos de 45ºC) y en muy breve periodo de tiempo (unos 3-8 segundos).

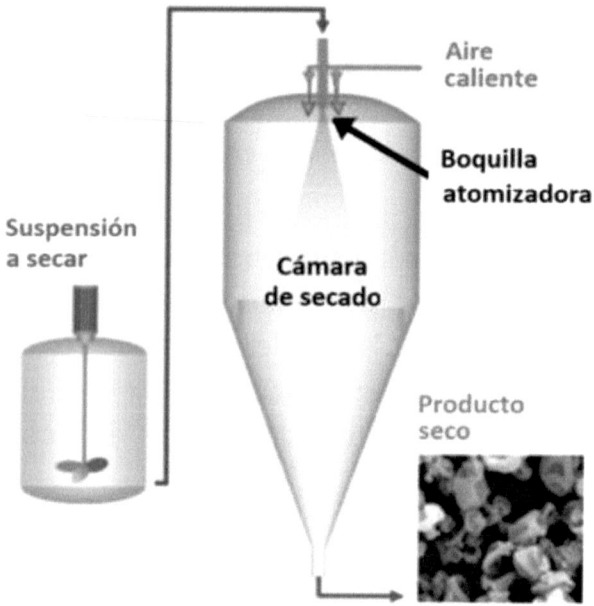

Figura 3.- Equipo para el secado por atomización del producto en una corriente de aire caliente.

5.- Suero en polvo y concentrados proteínicos

En la fabricación del queso, el suero es el líquido residual que resulta de la coagulación de la caseína de la leche por la acción del cuajo. También se obtiene un suero lácteo en el proceso de fabricación de mantequilla.

El suero (también llamado lactosuero) es muy rico en lactosa, por lo que puede ser utilizado en la fabricación de helados. También contiene sales minerales, proteínas, grasas y vitaminas. No se debe añadir en grandes cantidades a los helados, ya que por su contenido en lactosa (azúcar cristalizable con el frío), le daría al producto final una cierta textura arenosa.

Normalmente el heladero utiliza suero en polvo que tiene la siguiente composición media:

Humedad……. 3-5%

Grasa…………0,5-1,5%

Proteínas………11-13%

Lactosa………..70-72%

Sales minerales..10-11%

El suero en polvo tiene la ventaja de ser más barato que la leche en polvo, por lo que se utiliza para sustituir en parte a ésta (en un 5-10%).

Existe una variedad de suero en polvo al que por cristalización, se le ha rebajado el contenido en lactosa hasta dejarlo en un 20-30%. De esta forma se puede utilizar en cantidades superiores al 5-10%.

Por otra parte, como el suero es pobre en caseína, que tiene una función estabilizante de los glóbulos de grasa del helado, se debe añadir caseinato cálcico para suplir esta falta.

Con los avances tecnológicos en el aprovechamiento del suero de queserías, se ha llegado a obtener un producto conocido como *concentrado proteínico de suero.*

Por ultrafiltración del suero a través de finas membranas se consigue retener las proteínas, mientras que la lactosa y sales minerales consiguen pasar dichas membranas.

El concentrado proteínico resultante, libre de lactosa, se utiliza en la elaboración de helados, sustituyendo a un 15-20% de la leche en polvo. Resulta así un helado de excelente textura y calidad a un menor coste.

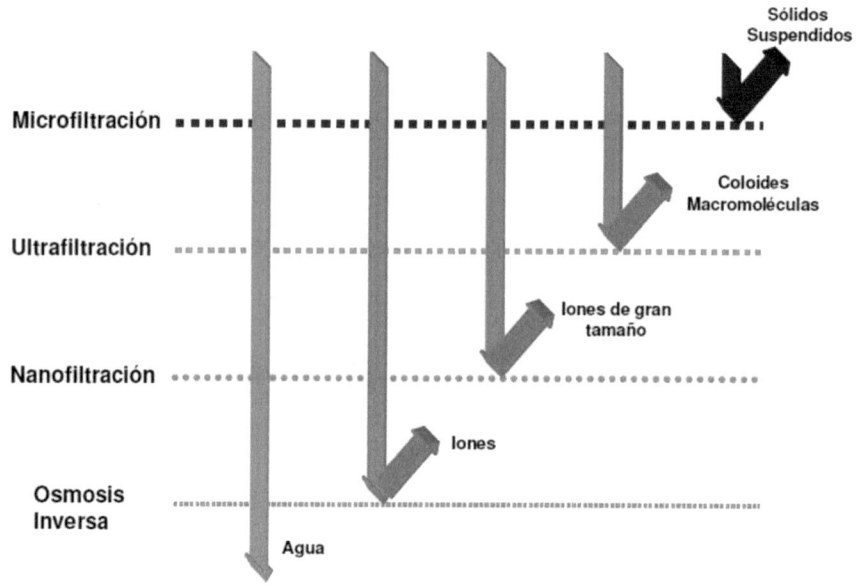

Figura 4.- Técnicas de filtración desde la más grosera (microfiltración) a la más fina (ósmosis inversa). Con la ultrafiltración se retienen las proteínas que son macromoléculas. Fuente: Condorchem Envitech.

En los sorbetes también se utilizan estos concentrados proteínicos, resultando un sabor más refrescante, textura más suave, mejor cuerpo, etc.

6.- Mantequilla y grasas comestibles

La mantequilla es el producto graso obtenido por batido y amasado de la leche o la nata. Se utiliza en diversos tipos de helados, especialmente en los de crema.

La mantequilla se comercializa en diversas formas. El heladero la utiliza en bloques, que deben ser conservados a temperaturas de congelación (-18ºC), bien envuelta y al abrigo de la luz y el aire. Todas estas precauciones durante el almacenamiento se hacen para evitar el enranciamiento, ya que es un producto muy graso (más del 80 por ciento).

Tabla 2.- Composición de la mantequilla y la margarina. Ambas se pueden utilizar como ingredientes en la fabricación de helados. Fuente: Tabla Peruana de Composición de Alimentos. El Profe Sabe.

COMPOSICIÓN (100g)	MANTEQUILLA	MARGARINA
CALORIAS (Kcal)	717	720
AGUA (g)	15.9	16.0
GRASA (g)	81.1	81
GLÚCIDOS (g)	0.1	0.3
PROTEÍNAS (g)	0.9	0.6
CALCIO (mg)	24	0.0
FÓSFORO (mg)	24	0.0
VITAMINA A (ug)	684	819

En sustitución de las grasas de origen lácteo se pueden emplear grasas de otras procedencias. Por ejemplo, se puede utilizar la margarina compuesta principalmente por grasas de origen vegetal. Dentro de las grasas comestibles podemos hacer tres grandes grupos:

- Aceites que son líquidos a temperatura ambiente. Por ejemplo el aceite de oliva, de soja, de girasol, etc.

- Grasa vegetales sólidas a temperatura ambiente (coco, cacao, palma).
- Grasas animales sólidas a temperatura ambiente (sebos y mantecas).

En los helados se utilizan aceites y grasas vegetales. No se deben utilizar grasas animales por su fuerte sabor y olor.

El aceite de algodón y las mezclas de aceite de soja y girasol se utilizan como ingredientes en los helados. Los aceites deberán tener un aspecto limpio y transparente a temperatura de 15-20ºC, con olor y sabor agradables, con los aromas propios de cada aceite.

La *manteca de coco* procedente del cocotero (*cocus nucífera*) es una masa de consistencia pastosa o fluida, según la temperatura ambiente, de color blanco o marfil, inodora, insípida o de sabor suave. Precisamente por estas propiedades es muy usada en la fabricación de helados, ya que no da sabores ni colores extraños.

La manteca de palma se extrae del fruto de la palmera y es una masa de consistencia pastosa o fluida, según la temperatura ambiente, de color amarillo rojizo, con sabor agradable y suave.

La *manteca de cacao* se obtiene por presión del cacao descascarillado o de la pasta de cacao y tiene las siguientes características:

- Es una masa sólida que funde al paladar, de color blanco o amarillento, con olor y sabor típicos a cacao.
- Su acidez debe ser inferior al 2,25%, expresada en ácido oleico.
- Contendrá como máximo 0,5% de humedad e impurezas.
- No contendrá grasas extrañas.

Las grasas, como ya dijimos anteriormente, dan una textura suave al helado, mejoran apreciablemente el sabor y aportan energía. La sustitución de la grasa láctea por grasas de otros orígenes no merma la calidad del helado. Por otro lado, por cuestiones dietéticas, puede ser interesante ofrecer a los clientes helados que solo contengan grasas de origen vegetal. Esto ayuda a mantener un colesterol bajo, pero sin renunciar a paladear un buen helado.

7.- Los huevos y sus derivados

Los huevos y sus productos derivados (ovoproductos), se utilizan en la elaboración de helados mantecados, de aroma y sabor característicos, de suave textura. Se pueden utilizar:

- Huevos frescos, refrigerados o congelados.
- Huevos en polvo.
- Clara de huevo fresca, congelada o en polvo.
- Yema de huevo fresca, congelada o en polvo.

En la actualidad, por tema de higiene y para evitar intoxicaciones, los heladeros suelen utilizar ovoproductos líquidos o en polvo, que sufren un tratamiento térmico para eliminar posible microorganismos patógenos, y que son envasados de forma aséptica para evitar contaminaciones.

Cuando se quiere producir huevo en polvo de forma industrial, hay que seguir las siguientes etapas:

- Rotura de los huevos en una máquina rompedora.
- Separación por tamizado de las cáscaras y del huevo líquido.
- Filtración del huevo líquido que puede tener aún impurezas tales como pajitas, arena, trocitos de la cáscara, etc.

- Homogeneización a alta presión para que se mezclen bien todos sus componentes y que la mezcla resultante sea estable.
- Pasterización de la mezcla para la destrucción de micro-organismos patógenos. Sobre todo de la temida salmonela. La temperatura de pasterización se debe escoger cuidadosamente para no producir la precipitación de las proteínas. Normalmente se procede a calentar a 64-65ºC durante unos pocos minutos.
- El huevo líquido pasa entonces a una torre de atomización (ver la Figura 6) donde se divide finamente en gotitas que se encuentran con una corriente de aire caliente que arrastra su humedad, quedándonos como producto final un polvo fino de huevo deshidratado.
- El huevo en polvo se envasa.
- El almacenamiento se debe puede hacer a temperatura ambiente suave (18-22ºC), al abrigo de la luz y del aire, para evitar que se produzcan oxidaciones de las grasas.

Como idea de rendimiento podemos decir que de cada 100 kilos de huevos frescos se obtiene en la operación de rotura:

- Cáscaras: 13 kilos aproximadamente.
- Huevo líquido: 87 kilos.

Esos 87 kilos convertidos en huevo en polvo nos dan:

- Huevo en polvo con el 4 por ciento de humedad: 21,3 kilos.
- Agua evaporada en la operación de secado: 65,7 kilos.

Cuando se trata de producir yemas o claras en polvo, en la etapa de rotura de los huevos se incluye otra de separación de clara y yema, pudiendo alcanzarse una efectividad del 95 por ciento en dicha separación.

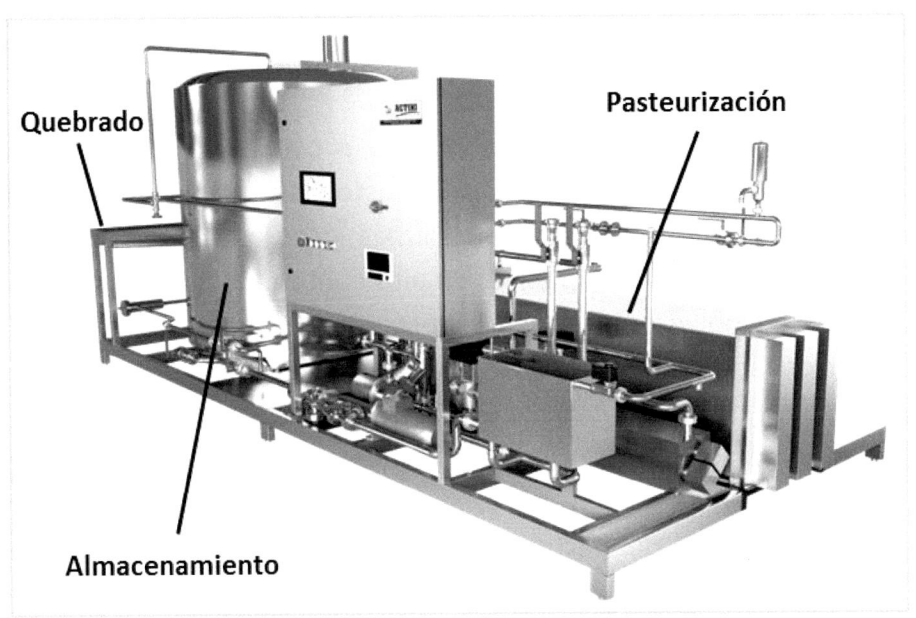

Figura 5.- Instalación para la pasterización y envasado de productos líquidos derivados del huevo. Fuente: ACTINI.

Tabla 3.- Composición del huevo y de algunos de sus derivados.

HUEVO Y DERIVADOS –
COMPOSICION CADA 100 GRS.

ALIMENTO	CALORIAS	PROTEINAS	GRASAS	CARBO-HIDRATOS
HUEVO DE GALLINA ENTERO CRUDO (100 grs.)	156	12	11.8	0.4
CLARA DE HUEVO DE GALLINA CRUDA	48	11.6	0.2	0
YEMA DE HUEVO DE GALLINA CRUDA	325	16.6	28.7	2.6
HUEVO DE GALLINA FRITO	196	16.3	14.5	0
HUEVO DE CODORNIZ ENTERO CRUDO	174	13.6	13.3	0.1
MAYONESA	723		79	
MAYONESA BAJAS CALORIAS	320		32	

Las yemas son filtradas, homogeneizadas, pasterizadas y secadas tal y como hemos visto para los huevos enteros.

En el caso de las claras es preciso proceder a la eliminación previa de azúcares antes de la pasterización y el secado por atomización, para evitar problemas con las claras en polvo durante su almacenamiento. Un alto contenido en azúcares hace que el polvo sea muy higroscópico y absorba humedad estropeándose fácilmente. Por ello, en el caso de las claras, después de su filtración se enfrían y se ajusta su pH. Se procede entonces a efectuar un tratamiento enzimático o microbiológico para la eliminación de los azúcares. Dicho tratamiento consiste en la adición de bacterias que transforman los azúcares en ácidos.

Figura 6.- Huevo líquido entero, filtrado, homogeneizado, pasterizado y envasado asépticamente.

En cuanto a los rendimientos de fabricación de yemas y claras, tenemos:

- De cada 100 kilos de huevos frescos se obtienen 13 kilos de cáscaras, 30 kilos de yemas y 57 kilos de claras.
- De los anteriores 30 kilos de yemas se obtiene 14,7 kilos de yemas en polvo (4% de humedad) y 15,3 kilos de agua evaporada.
- De los 57 kilos de claras antes citados, se obtienen 7,1 kilos de claras en polvo (7% de humedad) y 49,9 kilos de agua evaporada.

Otro ovoproducto es la *yema azucarada*. Se le añade azúcar al 50 por ciento, y se procede a su envasado aséptico (ver la Figura 2.5), en envases de cartón. En este caso no es necesario un almacenamiento frigorífico. Los paquetes (similares a los utilizados para la leche), se abren cuando son necesarios, con toda la comodidad para el heladero.

Las yemas azucaradas así envasadas, pueden conservar sus propiedades emulsionantes durante varios meses. Se ha comprobado que al añadir un 50% de azúcar, mejor se conservan las citadas propiedades emulsionantes. Parece ser que durante el almacenamiento se producen unas reacciones entre los azúcares agregados y las proteínas del huevo, que tienen un efecto estabilizador.

Es engorroso utilizar huevos directamente en una heladería. Por otra parte su almacenamiento, que debe ser frigorífico, requiere un espacio importante que a veces no se tiene.

Como ejemplos de fórmulas de mix de helados con intervención de huevos o de sus productos derivados tenemos las siguientes:

En el sitio de Internet de **María Lunarillos** nos dan la siguiente receta:

Tabla 4.- Fórmula para la elaboración de un helado con intervención de yemas de huevo.

Mix para helados con yemas de huevo. Autora: María Lunarillos.
Base clásica para helados. Ingredientes: • 320 gramos de leche entera. • 4 yemas de huevo. • 130 gramos de azúcar. • Una vaina de vainilla. • Un pellizco de sal. • 400 gramos de nata líquida para montar.

En el sitio de Internet de **Monografías** nos dan otra receta para la elaboración de un helado de vainilla con presencia de yemas de huevos. Es la siguiente:

Tabla 5.- Fórmula de un helado de vainilla con presencia de yemas de huevo.

Fórmula de un helado de vainilla.
• 1 litro de leche • 1 rama de vainilla • 300 gramos de azúcar molida • entre 6 y 8 yemas • 200 gramos de crema de leche.
Calentar en una cacerola la leche junto con la vainilla y hacer hervir. Colocar en otra cacerola el azúcar, las yemas y batir durante 10 minutos hasta que la preparación esté espumosa. Incorporar, poco a poco, la leche azucarada hirviendo sin dejar de batir. Llevar a fuego lento y cocinar con cuchara de madera, sin dejar que hierva porque se corta. Pasar por un colador, dejar enfriar, agregar la crema batida y distribuir en los moldes elegidos. Helar y, durante la primera 1/ 2 hora, remover de tanto en tanto la crema para que no se forme una película.

8.- Azúcares

Ya estudiamos en el capítulo 1 los azúcares. En el caso de la elaboración de helados se utilizan entre otros, los siguientes: sacarosa, glucosa, lactosa, azúcar invertido, sorbitol, etc.

Los azúcares suelen representar el 10-22% en peso del total de la mezcla de ingredientes de un helado. Y el 5-20% del helado en sí, una vez batido con aire y congelado. Por otra parte bajan el punto de congelación. Si se eleva mucho su proporción en el helado pueden dar un sabor dulce exagerado y dureza.

La *sacarosa* o azúcar común es el más utilizado en los helados, llegando a representar el 80% del total de azúcares de la mezcla.

La *glucosa* o dextrosa es el azúcar de fécula refinado y cristalizado. Es un polvo blanco cristalino. Se suele utilizar en la fabricación de helados hasta un máximo del 25% del total de azúcares. Tiene menor poder edulcorante que la sacarosa, como podemos apreciar en la Tabla 6.

La *lactosa* es el azúcar de la leche, que aparece en los helados como consecuencia de la utilización de leche en polvo. Si está presente en proporción excesiva puede dar un paladar arenoso al helado al cristalizar el exceso de lactosa.

Tabla 6.- Poder edulcorante de diversos azúcares, tomando como unidad el de la sacarosa.

Azúcar	Poder edulcorante
Lactosa	0,27
Maltosa	0,5
Sorbitol	0,5
Glucosa	0,5 a 0,8
Sacarosa	1
Azúcar invertido	1,3
Sacarina	180 a 650

Como se aprecia en la Tabla 6, su poder edulcorante es muy reducido.

El *azúcar invertido* es el producto obtenido por hidrólisis del azúcar común (sacarosa), y está constituido por una mezcla de sacarosa, glucosa y fructosa. Se presenta como un líquido denso y viscosa de las siguientes características:

- Contenido máximo de sacarosa: 30%.
- Contenido máximo de agua: 35%.
- Acidez máxima: 0,35% (expresada en ácido sulfúrico).
- Máximo de sustancias minerales: 0,5%.
- Glucosa y fructosa: el resto.

El azúcar invertido tiene un alto poder edulcorante (1,3) que limita su utilización como ingrediente en helados hasta un máximo del 25% del total de azúcares de la mezcla.

El *sorbitol* se utiliza para la fabricación de helados para diabéticos. Es un polialcohol de azúcar que se encuentra de forma natural en algas y en frutas tales como peras, manzanas, melocotones, albaricoques, ciruelas, etc.

Tiene un poder edulcorante relativamente alto (0,5) teniendo en cuenta que es muy bajo en calorías. De ahí su utilización en productos dietéticos, bollería, medicamentos, etc.

9.- Miel

La miel es el producto azucarado natural elaborado por las abejas (*Apis mellifica* y otras especies), a partir del néctar de las flores y otras exudaciones de las plantas. Su composición aparece en la Tabla 7.

Los azúcares presentes en la miel son la fructosa (38-40%), glucosa (34-38%) y sacarosa (4-5%).

Tabla 7.- Composición aproximada de la miel de abeja.

Componente	Porcentaje
Agua	15-20
Azúcares	75-80
Sales	0,2-0,6
Proteínas	0,4-0,5
Grasas	0,1-0,2

La Figura 7 nos muestra el diagrama de flujo de una instalación de producción y tratamiento de la miel. La miel seleccionada procedente de las colmenas se almacena en depósitos de acero inoxidable. Se dispone de dos o más para dar continuidad al proceso.

Como la miel a temperatura ambiente es difícilmente bombeable, los depósitos van provistos de una camisa por donde puede circular vapor o agua caliente, de forma que la miel puede alcanzar una temperatura de 40 a 45ºC, con lo que ya es mucho más fluida y bombeable. Después se procede a su centrifugación y/o filtración para eliminar ceras, impurezas sólidas, etc.

Después se procede a su pasterización a 75/80ºC durante 4 a 5 minutos, de forma que se destruyen los micro-organismos patógenos que pudiese contener. También se consigue la disolución de cristales que podrían darle una textura arenosa y una apariencia turbia a la miel. De todas formas, los microorganismos patógenos difícilmente pueden crecer en un medio tan rico en azúcares.

Como ejemplo damos una fórmula para la elaboración de helados que aparece en el sitio de Internet de *Directo al Paladar*:

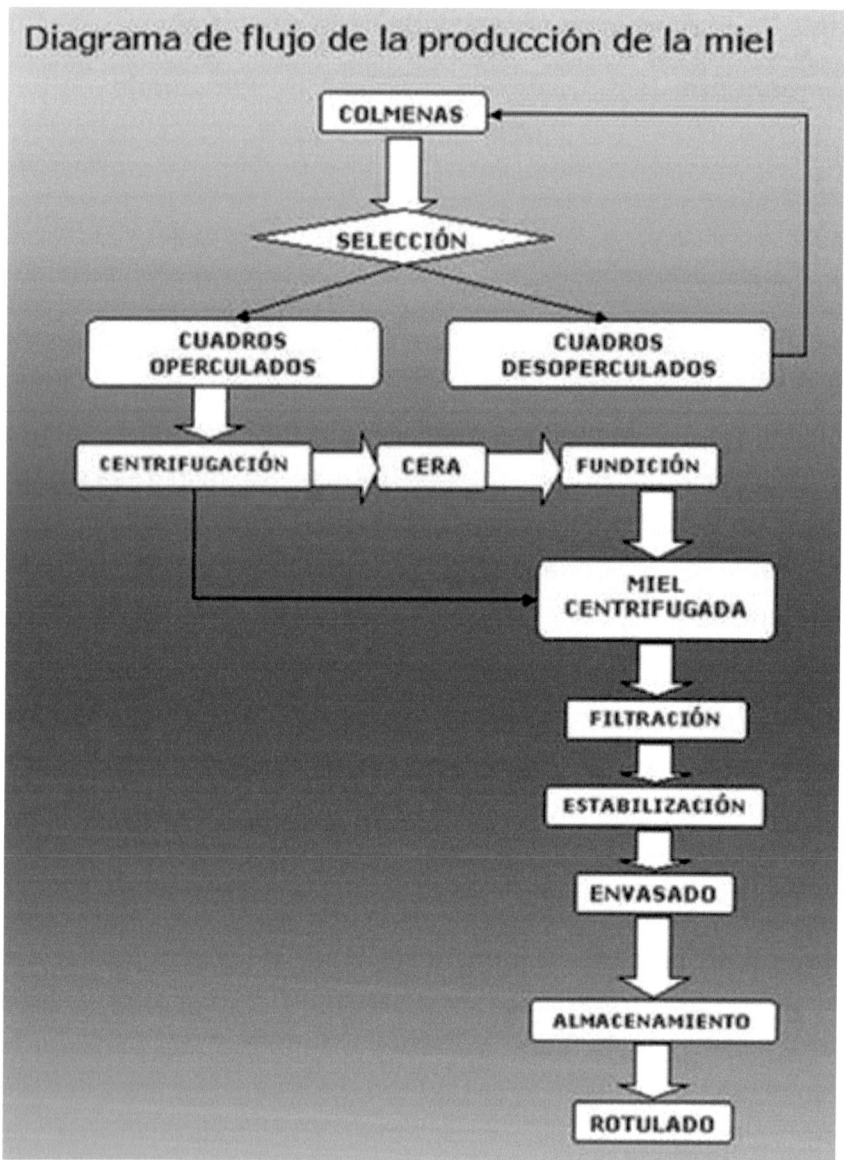

Figura 7.- Instalación para producción miel. Fuente: Eroski Consumer. Martha Catalina Rodríguez. Observatorio de Seguridad Alimentaria. Universitat Autònoma de Barcelona.

Tabla 8.- Fórmula de un helado de mango y miel. Fuente: Directo al Paladar.

Ingredientes para 4 raciones. Helado de mango y miel
Mix: 200 gramos de mango fresco, zumo de 1/2 limón, 15 gramos de miel suave de flores, 50 gramos de azúcar, 1 pizca de sal, 125 mililitros de nata, arándanos frescos para acompañar si se desea.
En el vaso de la batidora echamos el mango pelado y troceado, el zumo de limón, la miel, el azúcar la pizca de sal y la nata. Trituramos todo muy bien hasta obtener un puré fino y lo refrigeramos durante unas horas para que la crema esté muy fría. Vertemos en la heladora y mantecamos durante unos 15 minutos más o menos, ya que este helado se hace muy rápido. Pasamos a un táper, tapamos con papel de horno, cerramos y terminamos de congelar para que tome cuerpo antes de consumir.   Si queremos hacer el helado sin máquina pasamos directamente el *mix* al congelador y lo removemos de vez en cuando durante las primeras horas de congelación. Lo servimos con unos arándanos frescos o también con un poco de salsa de chocolate queda delicioso.   Nota: esta receta también sirve para la elaboración industrial de helados.

En el sitio de Internet *El Invitado de Invierno*, nos dan una fórmula de un helado de miel (8 raciones), cuya autora es Miriam García, que transcribimos a continuación:

Tabla 9.- Fórmula de un helado de miel.

Helado de miel (8 raciones). Autora: Miriam García. El invitado de Invierno.
INGREDIENTES   • 500 ml de nata líquida de buena calidad.   • 250 ml de leche entera.   • 160 ml de miel.   • 3 yemas de huevos medianos.
INSTRUCCIONES   Se calienta la nata con la leche y la miel hasta que casi hierva.   Se separan las yemas y se ponen en un cuenco (las claras las congeláis, que congelan estupendamente y las usáis para otro menester).   Se baten y, cuando esté caliente la mezcla de los líquidos, se echa poco a poco sin parar de batir sobre las yemas para que no se cuajen.   Todo el conjunto mezclado se vuelve a poner a fuego muy bajo o al baño María, removiendo sin parar hasta que espese (y sin dejar que hierva, pues se cortaría). Tened en cuenta que queda como unas natillas claritas, no demasiado espeso.   Se deja enfriar por completo y se mete en el frigorífico toda una noche para que madure la mezcla.   Al día siguiente se mete en una heladera o en el congelador. Si no tenéis heladera ya sabéis que tendréis que ir sacándolo cada media hora para batirlo, hasta que esté bien cremoso.   **Nota:** esta receta también se puede emplear para la elaboración industrial.

10.- Cacao y chocolate

El cacao es un producto procedente de la semilla del cocotero Theobromaa Cacao, separada del resto del fruto, fermentada y desecada. Sus caracterís-ticas fundamentales son:

- Aspecto, olor y sabor característicos.
- Humedad máxima: 7 por ciento.
- Contenido máximo de impurezas: 5 por ciento sobre materia seca desengrasada. Se consideran impurezas los granos defectuosos y otros desperdicios del cacao.

Dentro del cacao se distinguen varios derivados que pueden ser utilizados en la fabricación de helados. Así tenemos:

- *Pasta de cacao*, que es el producto obtenido por la molturación del cacao descascarillado tostado. Contiene como mínimo un 50 por ciento de manteca de cacao y para fines industriales se le conoce como *cobertura amarga.*
- *Manteca de cacao*, es el producto obtenido por presión del cacao descascarillado o de la pasta de cacao. Es una masa sólida que funde en contacto con el paladar. Es de color blanco amarillento.
- *Torta de cacao*. Cuando los granos descascarillados de cacao o la pasta de cacao son sometidos a presión, se obtienen dos productos: la manteca de cacao que ya hemos visto, y el sobrante que es una torta de cacao rica en proteínas y grasas.
- *Cacao en polvo*. Es el producto obtenido de la pulverización de la torta de cacao. Según su contenido en grasa se clasifica en: 1.- Normal, que contiene un mínimo del 20 por ciento de manteca de cacao, 8 por ciento de humedad como máximo, y un 4 por ciento de impurezas (embriones, cascarillas). 2.- Semidesengrasado, que contiene entre un 10 y un 20 por ciento de manteca de cacao.

- *Cacao azucarado en polvo*. Es el obtenido de la mezcla de cacao en polvo y azúcar. Debe contener un mínimo del 32 por ciento de cacao en polvo.

El cacao en sus diversas formas se utiliza mucho en la fabricación de helados y en la preparación de coberturas para conos, tarrinas, tartas, etc. Para compensar su sabor amargo se deben añadir muchos azúcares.

El *chocolate* es el producto obtenido por la mezcla total y homogénea de cantidades variables de cacao en polvo o pasta de cacao y azúcar finamente pulverizada, adicionada o no de manteca de cacao.

Normalmente cumple los siguientes requisitos:

- Contenido mínimo de cacao seco desengrasado: 14 por ciento.
- Contenido mínimo de manteca de cacao: 18 por ciento.

Se llama *chocolate fino* al que contiene más del 26 por ciento de manteca de cacao (sin exceder del 32%), y *chocolate fundente* si el contenido en manteca de cacao es superior al 32 por ciento.

Existen variantes del chocolate que son el resultado de la mezcla del mismo con otros alimentos. Así tenemos:

- *Chocolate con leche*. Mezcla con leche entera o desnatada.
- *Chocolate con frutos secos o cereales*. Es el chocolate o chocolate con leche al que se adicionan enteros o troceados, frutos secos (almendras, avellanas, nueces, piñones) y cereales tostados o insuflados.
- *Chocolate con frutas.* Es chocolate o chocolate con leche adicionado de frutas, troceadas o enteras, desecadas o confitadas. El contenido en frutas puede estar entre el 3 y el 40 por ciento.

- *Cobertura dulce.* Es la mezcla de pasta de cacao y azúcar, con o sin adición de manteca de cacao, utilizada con fines industriales (helados, pastelería, bollería). Contendrá como mínimo un 31% de manteca de cacao y un 35% de componentes de cacao.
- *Cobertura con leche.* Es la que ajustándose a las características propias del chocolate con leche, contiene como mínimo un 31% de grasa total.

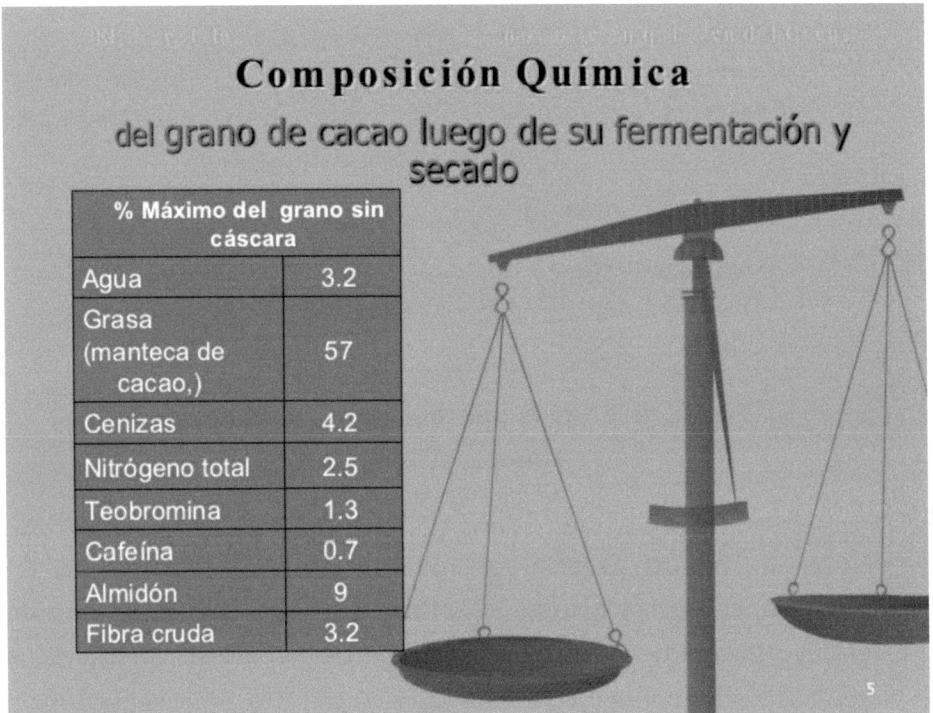

Figura 8.- Composición del grano de cacao fermentado y seco. Fuente: Slideshare.

En el chocolate y sus productos derivados está permitida la adición de hasta un 3 por ciento de lecitina y reemplazar parte de la sacarosa por glucosa, fructosa o lactosa hasta un 5 por ciento del peso total del producto terminado.

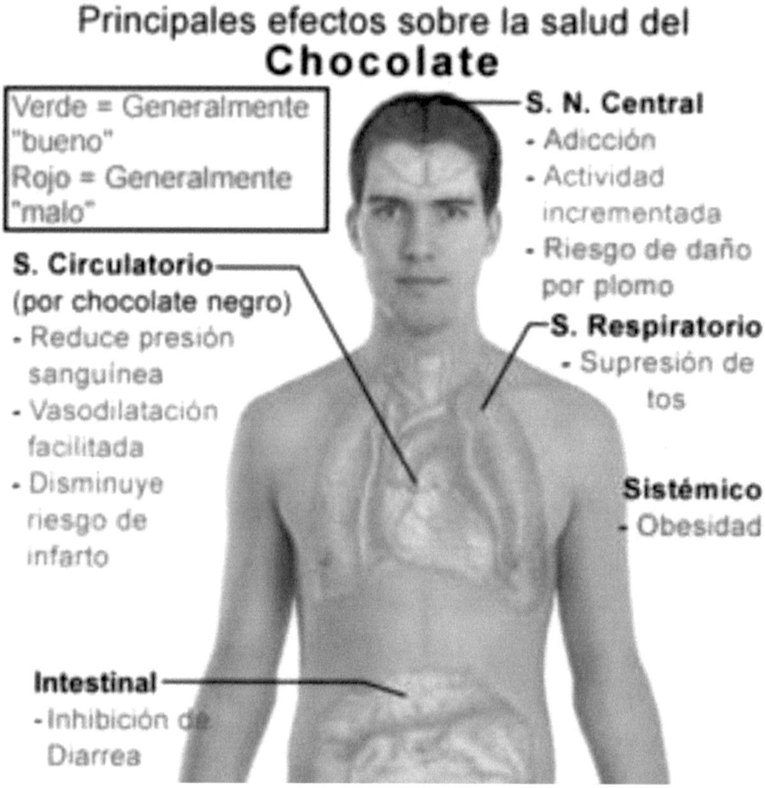

Principales efectos sobre la salud del
Chocolate

Verde = Generalmente "bueno"
Rojo = Generalmente "malo"

S. N. Central
- Adicción
- Actividad incrementada
- Riesgo de daño por plomo

S. Circulatorio
(por chocolate negro)
- Reduce presión sanguínea
- Vasodilatación facilitada
- Disminuye riesgo de infarto

S. Respiratorio
- Supresión de tos

Sistémico
- Obesidad

Intestinal
- Inhibición de Diarrea

Figura 9.- Efectos del chocolate sobre la salud.
Fuente: Wikipedia.

Nota: la *lecitina* es una sustancia orgánica abundante en las membranas de las células vegetales y animales, especialmente en las del tejido nervioso; se obtiene de las grasas animales, la yema de huevo y algunas semillas y se emplea en la elaboración de ciertos alimentos, como la margarina o el chocolate, y en cosmética y farmacia.

En el caso de la elaboración de helados, el chocolate y el cacao se utilizan en una proporción del 3-4 por ciento de la mezcla (en argot heladero se la conoce como *mix*).

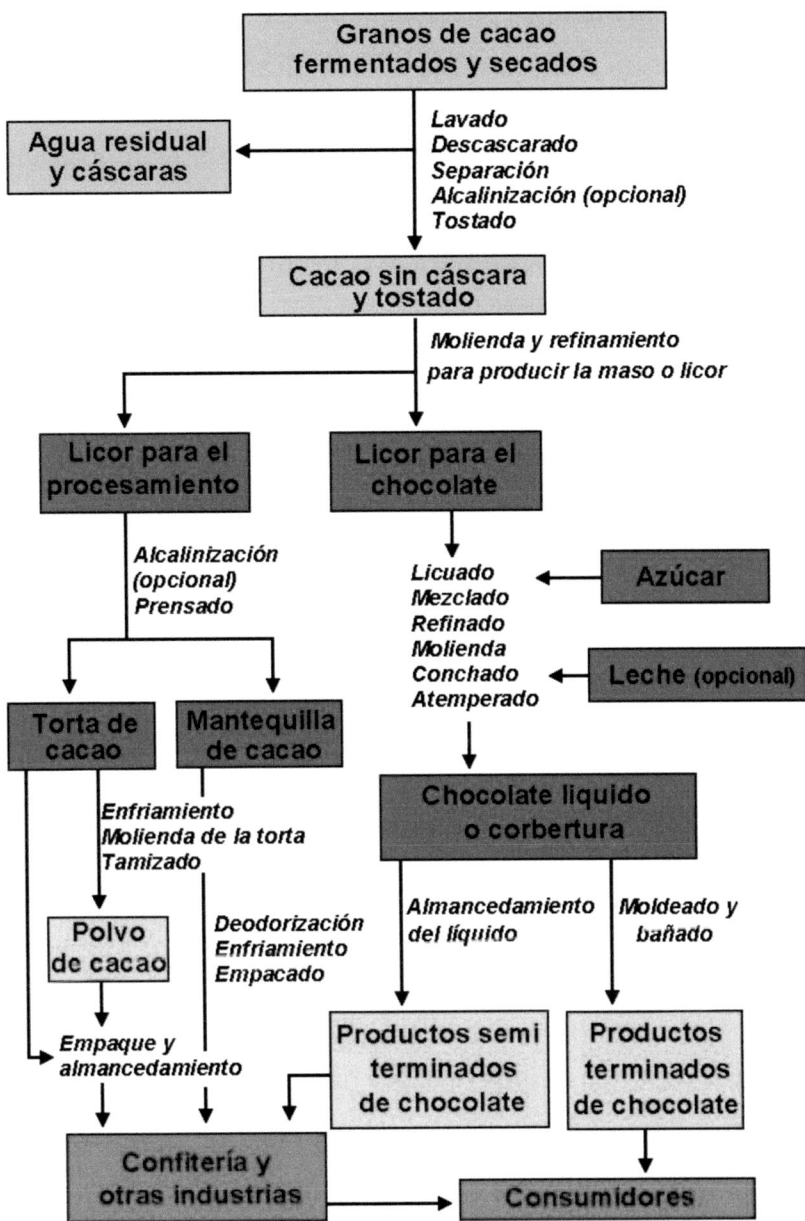

Figura 10.- Proceso de elaboración del chocolate y del polvo de cacao a partir de los granos de cacao fermentados y secos. Fuente: International Cocoa Organization. FOOD-INFO.

En la Tabla 10 vemos la fórmula de un helado de chocolate. Como vemos en dicha tabla se utiliza cacao en polvo y chocolate propiamente dicho. En este caso también se añade un extracto de vainilla que refuerza el sabor, y yemas de huevo que ayuda a dar una buena textura al producto final.

Tabla 10.- Fórmula y preparación de un helado de chocolate. Fuente: Allrecipes. México.

Ingredientes Porciones: 8 3/4 taza de azúcar y 1 taza de leche 1/4 cucharadita de sal y 2 cucharadas de cacao en polvo 3 yemas de huevo, ligeramente batidas 60 gramos de chocolate semiamargo, picado 2 tazas de crema para batir 1 cucharadita de extracto de vainilla
Modo de preparación. Preparación: 10min › Cocción: 10min › Listo en:20min Mezcla el azúcar, leche, sal y cacao en una cacerola a fuego medio, moviendo constantemente. Dejar que hierva. Colocar las yemas en un tazón chico y agregar poco a poco alrededor de 1/2 taza de la mezcla anterior. Pasar esta mezcla a la cacerola. Calentar hasta que espese, pero sin dejar que hierva. Retirar del fuego e incorporar el chocolate, moviendo hasta que éste se haya derretido. Verter a un tazón frío y refrigerar durante alrededor de dos horas o hasta que se haya enfriado, moviendo de vez en cuando. Cuando la mezcla de chocolate esté completamente fría, agregar la crema y la vainilla. Revolver bien y verter a una máquina para hacer helado. Congelar de acuerdo a las instrucciones del aparato. *Nota*: esta receta también sirve para la elaboración industrial de helados.

11.- Café

El café es la similla sana y limpia de diversas especies del género botánico *coffea* y se clasifica en:

- *Café verde o crudo*. Es el café en grano desprovisto de tegumentos exteriores, sin haber sido sometido a ningún otro proceso de elaboración o tratamiento.
- *Café tostado natural*. Es el obtenido sometiendo el café verde o crudo a la acción del calor de forma que adquiera el color tostado y el aroma típico del café.
- *Café tostado torrefacto*. Es el café tostado con adición de azúcar antes finalizar el proceso de tostación.
- *Café descafeinado*. Es el café crudo o tostado torrefacto que ha sido desprovisto de la mayor parte de su cafeína. No debe tener más del 0,1 por ciento de dicha sustancia. Nota: en los cafés normales el contenido en cafeína es del 0,6 por ciento, como mínimo.
- *Extracto soluble de café*. Es el producto obtenido por parcial o total evaporación de la infusión de café tostado. Contendrá un máximo del 0,3% de cafeína y un 4% de humedad.
- *Infusión de café*. Es la preparada por lixiviación o infusión en agua caliente o vapor del café tostado y molido.

En la elaboración de helados se utilizan los extractos en polvo de café soluble, así como sucedáneos del café en extractos solubles, entre los que tenemos achicoria, malta tostada y cebada tostada.

La *achicoria* es el producto elaborado con la raíz de la planta *Cichorium intybus*, convenientemente lavada, limpia, troceada, tostada, molida y tamizada.

La *malta tostada* es el producto obtenido por tostado de la malta.

Debe contener un mínimo del 25% de materia seca soluble en agua y un máximo de un 8% de humedad. Sus cenizas totales no deben exceder del 3% sobre materia seca.

La *cebada tostada* es el producto obtenido por el tostado de la cebada con la adición de un 10% de azúcar o glucosa.

Composición química(*coffea arábica*)

Componente	Verde %	Tostado %
Minerales	3, 0 - 4,2	3,5 - 4,5
Cafeína	0,9 - 1,5	1,0 - 1,2
Trigolenina	1,0 - 1,2	0,5 - 1,0
Lípidos	12,0 - 18,0	14,5 - 20,0
A. Clorogénicos	1,5 - 2,0	1,0 - 1,5
A. Alifáticos	5,5 - 8,0	1,2 - 2,3
Oligosacáridos	6,0 - 8,0	0,0 - 3,5
Polisacáridos	50,0 - 55,0	24,0 - 39,0
Aminoácidos	2,0	0
Proteínas	11,0 - 13,0	13,0 - 15,0
Ácidos Húmicos	0	16,0 - 17,0

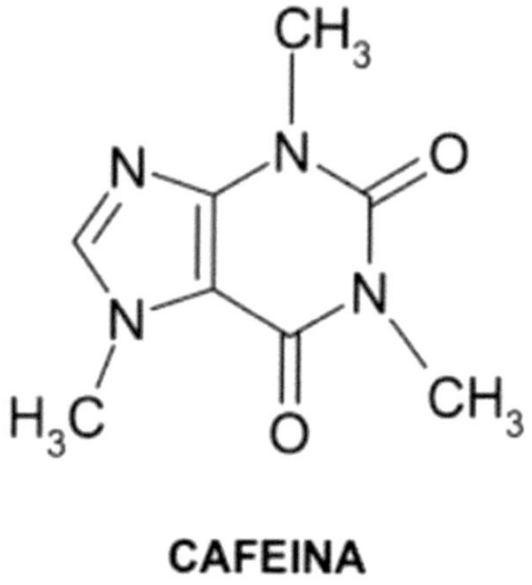

CAFEINA

Figura 11.- Composición química del café y fórmula de la cafeína. Fuente: Slideshare.

12.- Vainilla y vainillina

La vainilla es el fruto inmaduro fermentado y desecado de la *Vanilla planifolia* y de la *Vanilla pompona*. Las características propias de la vainilla comercial son las siguientes:

- Humedad……………….30 por ciento como máximo.
- Cenizas…………………6 por ciento como máximo.
- Sílice…………………0,12 por ciento como máximo.
- Extracto alcohólico…….46% máximo.
- Vainilla natural…………1,5 por ciento como mínimo.
- Extracto etéreo fijo……..Entre 6 y 10 por ciento.

El aroma típico de la vainilla se desarrolla durante los procesos de fermentación y desecado. Es el aroma más conocido y solicitado en el mundo heladero, por encima de sabores como el chocolate, fresa, yogur, etc.

Tabla 11.- Fórmula y preparación de un helado de café. Fuente: Mundo del Café.

Para 4 personas
Ingredientes :
3/4 de litro de leche
9 yemas
300 g de azúcar
4 cucharaditas de café soluble
1 ramita de vainilla
Preparación :
Cocer la leche junto con la vainilla y dejar reposar unos minutos para que se perfume.
Mientras, mezclar las yemas con el azúcar y el café soluble.
Añadir la leche y batir para que se mezclen bien todos los ingredientes.
Cocer lentamente removiendo con una cuchara de madera hasta que espese. Retirar del fuego y dejar enfriar.
Pasar por un colador y ponerlo en una bandeja para hielo o en un molde.
Tapar con papel de aluminio y dejar congelar durante 30 minutos.
Revolver la preparación completamente para romper los cristales y volver al congelador.
Repetir esta operación dos veces más y guardar hasta el momento de servir.
Nota: esta fórmula también sirve para la elaboración industrial de helados.

Tabla 12.- Ingredientes y preparación de un helado de vainilla. Fuente: www.guiainfantil.com.

Ingredientes

500 ml. de leche

250 ml. de nata de montar

6 yemas de huevo

200 gramos de azúcar

1 vaina de vainilla

Consejos: Si no se dispone de vainas de vainillas se pueden sustituir por una cucharadita de esencia de vainilla y dos de azúcar vainillado, para darle la misma intensidad.

Cómo hacer un helado de vainilla

1. Cortar la vaina de vainilla por la mitad a lo largo, raspar las semillas con cuidado.

2. Poner en un cazo la leche, la nata y las semillas de vainilla. Poner a fuego fuerte hasta que rompa a hervir, poner a fuego muy bajo unos minutos para que infusione y coja sabor.

3. Batir las yemas con el azúcar unos minutos, añadirlas al cazo y mezclar con cuidado y sin parar, para que no se agarre.

4. Mantener a fuego bajo y remover, sin que llegue a hervir para que no se corte

5. Si tenemos heladera, enfriar la mezcla y ponerla en la heladora unos 30 minutos. Si no, poner en un recipiente plano y metálico, llevar al congelador y remover cada media hora durante tres horas para romper los cristales de hielo que se van formando.

Nota: esta misma fórmula puede servir para la elaboración industrial del helado de vainilla.

Los conquistadores españoles se encontraron con esta planta en Veracruz (Méjico), y la llamaron así por el parecido de los frutos de la vainilla con la vaina de las espadas. Es un género de orquídeas. Estamos acostumbrados a que las orquídeas se cultiven como plantas ornamentales. Pero en este caso se hace por sus propiedades aromáticas. El cultivo de la vainilla es difícil y costoso, obteniéndose un pequeño peso de fruto de vainilla en comparación con el peso de la planta completa. Por esta razón la vainilla es bastante cara.

Figura 12.- Maceta con vainilla y vainas de vainilla ya secas. Fuente: Noticias 24/gastronomía. Infografía DPA.

La industria agroalimentaria es la mayor demandante de este fruto, que se utiliza preferentemente en heladería, chocolatería, bebidas refrescantes, etc.

Tiene propiedades beneficiosas ya que ayuda a hacer las digestiones pesadas, efectos antioxidante, analgésicos y combate la depresión. También se dice que combinada con jengibre estimula el deseo sexual.

La *vainillina* es la sustancia contenida en la vaina seca de vainilla, que le da su aroma típica. Realmente no es una sustancia única, sino un conjunto de más de 300 sustancias aromáticas de la misma familia.

13.- Frutas y zumos

Las frutas y sus derivados son muy empleados en la elaboración de helados, dándoles a los mismos el sabor de la fruta añadida o de la mezcla de frutas

Los sabores frutales más populares como saborizantes de los helados son:

- Fresa (*Fragarias vesca*).
- Frambuesa (*Rubus ideaeus*).
- Limón (*Citrus limonis*).
- Naranja (*Citrus sinensis* y *C. Aurantium*).
- Tutti-frutti (mezcla de frutas).

En menor proporción se utilizan otras frutas y/o sus derivados tales como mandarinas, grosellas, melón, melocotones, piñas, peras, plátanos, pomelos, uvas, albaricoques, etc.

Las frutas se pueden utilizar como ingredientes en los helados en los siguientes estados: fruta fresca, desecada, deshidratada, congelada, pulpas de frutas, purés de frutas, zumos de frutas, zumos concentrados de frutas, etc.

Lo ideal es la utilización de frutas frescas, pero ello no es posible en todas las épocas del año. Se puede recurrir a frutas congeladas que dan muy buen resultado.

Tabla 13.- Fórmula y preparación artesana de un helado de fresa. Fuente: Gastronomía&Cia.

Ingredientes
700 gramos de fresas o fresones, 100 gramos de azúcar, 250 gramos de yogur griego, 260 gramos de nata montada, azúcar invertido (lo echamos a ojo en la nata, endulzar al gusto).
Elaboración
Lavar las fresas, retirar el pedúnculo y trocear a daditos. Poner en un cuenco amplio y añadir los yogures y el azúcar; mezclar bien y dejar reposar unas dos horas. Durante este tiempo, romper las fresas pasando el tritura patatas manual o un utensilio similar.
Añadir la nata montada y endulzada con el azúcar invertido, mezclar bien sin que la nata se baje mucho y pasar el preparado para helado de fresa a un recipiente con tapa.
Una vez que se introduzca el helado en el congelador, recordar, cada hora al principio y cada media hora aproximadamente cuando casi se haya congelado, mover con una espátula para evitar que se hagan cristales.
Si se deja varias horas en el congelador, sacarlo diez minutos antes de servir para que esté más cremoso.
Nota: también se puede preparar un helado de fresa a nivel industrial siguiendo estas indicaciones.

Las frutas se suelen utilizar en un 10-25% en las mezclas para la elaboración de helados. Se pueden utilizar troceadas, en forma de puré, mezcla de trozos y puré, etc.

Tabla 14.- Fórmula y preparación de un sorbete de limón. Fuente: sorbetedelimon.com.

Ingredientes:
Limones, 4 grandes
Azúcar, 200 gramos
Agua, 500 ml
Huevos, dos claras
Sal

Preparación:
Si quiere preparar un postre sabroso, refrescante y que además es muy digestivo, aquí le mostramos una receta tradicional con la que preparar un estupendo sorbete de limón. Seguramente lo haya probado en alguna ocasión, así que si le gusta, aquí va a aprender a prepararlo de forma sencilla, gracias a esta receta.

Comenzamos a prepararlo calentando el agua en un cazo, a fuego medio, e iremos agregando poco a poco el azúcar indicado en los ingredientes, removiendo cada vez que agreguemos parte de la misma, para que se vaya formando una especie de almíbar casero. Una vez que la mezcla se espese, la retiramos del fuego y apartamos para después. Continuamos lavando bien los limones, a los que les rallaremos su piel primero, y después los exprimiremos y colaremos, para quitarle las pepitas y trozos de pulpa que hubiesen quedado al exprimirlos. Una vez que el almíbar se haya enfriado, lo mezclaremos con las ralladuras de los limones y el zumo de los mismos, y guardamos la mezcla en el congelador un par de horas, para que se forme una mezcla cremosa. Pasado ese tiempo cogemos las claras de dos huevos y las batimos al punto de nieve, con un poco de sal para ayudarnos. Hágalo con paciencia y de forma enérgica, envolviendo las claras con unas varillas, para que se monten bien y tengan consistencia. Cuando lo haya hecho, mezcle las claras montadas con la mezcla que tenía en el congelador, de forma suave pero integrándolas bien. Se meten en el congelador otras dos o tres horas al menos y después ya podemos servir este rico sorbete de limón.

Los zumos naturales son muy utilizados, sobre todo en el caso de los sorbetes, polos y granizados. Las frutas son una buena fuente de sabor, color, azúcares, minerales y vitaminas para los helados.

Otro ejemplo de helado de frutas lo tenemos en la Tabla 15.

Tabla 15.- Helado cremoso de albaricoque y melocotón con queso mascarpone. Fuente: Cuqui. Cookpad.

Ingredientes: 500 gramos de albaricoques maduros. 3 melocotones amarillos maduros. 6 cucharadas de nata líquida. 3 cucharadas de queso mascarpone. 2 cucharadas de fructosa o azúcar.
Pasos Pelar los albaricoques y los melocotones. Trocearlos y ponerlos en una batidora. Hacer un puré sin trocitos de frutas. Pasar esta mezcla a un cuenco grande y añadir el azúcar. Batir con batidora de mano unos 2 minutos para que el azúcar se disuelva. Incorporar el queso y la nata y batir hasta tener una crema homogénea y lisa. Pasar a la heladora y dejar batiendo durante 30 minutos. Pasado este tiempo poner en un táper cubierto con papel de horno, tapar y llevar al congelador hasta obtener la consistencia deseada. *Nota*: siguiendo estos pasos también se puede producir un helado a nivel industrial.

14.- Frutos secos y turrones

Dentro de los frutos secos más utilizados en la fabricación de helados, tenemos los siguientes:

- Almendras *(Prunus amygdalus)*.
- Avellanas (*Corylus avellana*).
- Nueces (*Junglus regia*).
- Piñones (*Pinus pinea*).
- Uvas pasas (*Vitis vinífera*).

Todos ellos se utilizan para dar sabor a los helados y también para adornos en coberturas de conos, tartas, etc. También se utilizan otros frutos tales como el pistacho, anacardo, etc. Las chufas y almendras se utilizan en la preparación de horchatas. En la Tabla 16 tenemos la fórmula y modo de preparación de un helado de avellanas.

En España, los helados de turrón son muy populares. El turrón es una masa obtenida por cocción de miel y azúcares, con o sin clara de huevo o albúmina, con incorporación posterior y amasado de almendras tostadas, peladas o con piel.

A los turrones se les pueden agregar otras sustancias tales como harinas o féculas alimenticias, avellanas en vez de almendras, azúcares, frutas confitadas, etc.

15.- Las bebidas alcohólicas en los helados

Son muy numerosas las bebidas alcohólicas utilizadas en la fabricación de helados. Le dan sabor y fuerza. Entre las más utilizadas tenemos:

- *Ron.* Bebida obtenida a base de aguardiente de caña de azúcar, conservada o envejecida durante el tiempo suficiente para adquirir sus cualidades típicas. En la Tabla 2.17 tenemos un helado de ron con pasas, muy popular en España.

Tabla 16.- Receta y preparación de un helado de avellanas. Fuente: UNO DE DOS. *GrastoBlog.*

Ingredientes:
150 g de avellanas tostadas
500 ml de leche entera
1 Cucharadita de esencia de vainilla
1 Cucharadita de cacao puro en polvo
2 Yemas de huevo
200 g de azúcar
1 Pizca de sal
1 Cucharadita de licor de avellana
Preparación: 1.- Trituramos las avellanas hasta que formen una crema ligera. Primero se convertirán en polvo, pasarán a formar una pasta, y al seguir triturando, la avellana soltará su aceite y se transformará en una papilla líquida. En total unos 10 minutos nos llevará este paso. 2.- En un cazo echamos la leche, la esencia de vainilla y el cacao, mezclamos. Llevamos a ebullición despacio para que el cacao se deshaga y no queden grumos. 3.- Por otro lado, en un cuenco mezclamos las yemas con el azúcar, removiendo para que se unan, sin batir. Lo añadimos al cazo de la leche, que habremos retirado del fuego, despacio y removiendo rápidamente para que no se cuaje. 4.- Llevamos el cazo de nuevo al fuego. Removemos continuamente la mezcla hasta que espese, unos 5 minutos más o menos. Agregamos la pizca de sal y el licor. Removemos y retiramos del fuego. 5.- Vertemos la pasta de avellanas sobre la crema, unimos y dejamos enfriar un poco. Colamos la mezcla a una jarra y dejamos refrigerar unas horas antes de mantecarla, para formar el helado de avellana. *Nota*: con estas mismas indicaciones se puede elaborar un helado de avellanas a nivel industrial.

Tabla 17.- Receta y preparación de un helado de ron con pasas.
Fuente: *RecetasGratis.net*

Ingredientes: Un vaso y medio de leche.   Una rama de vainilla. Un huevo.   Dos yemas de huevo.   100 gramos de azúcar.   Un vaso y medio de nata. 100 gramos de pasas.   3 cucharas soperas de ron oscuro.
Pasos para preparar el helado de ron y pasas   ▢ Verter la leche en una cazuela con la vainilla.   ▢ Antes de hervir retirarla del fuego y dejarla 15 minutos y quitar la vainilla.   ▢ Batir el huevo con las yemas y el azúcar hasta que la mezcla esté cremosa.   ▢ Poner la leche en un bol, verter la mezcla de huevo y mezclar.   ▢ Colocar el bol sobre una olla medio llena de agua apunto de hervir.   ▢ Cocer sin dejar de remover hasta que la mezcla quede espesa.   ▢ Retirar el bol, taparlo con papel transparente y dejar que se enfríe.   ▢ Montar la nata e incorporarla a la crema.   ▢ Poner las pasas en un bol, verter el ron y dejar macerar durante una hora.   ▢ Incorporar las pasas a la mezcla anterior.   ▢ Verter en un recipiente y congelarla una hora.   ▢ Batir y tapar, congelar durante 2 horas más.   *Nota:* con estas mismas indicaciones se puede elaborar un helado de ron con pasas a nivel industrial.

- *Brandy*. Bebida obtenida a base de holandas de vino conservadas o envejecidas en recipientes de roble. *Nota:* las holandas son aguardientes de vino y se llaman así porque se exportaban a Holanda.
- *Vodka*. Bebida obtenida por tratamiento de alcoholes rectificados con carbón de leña para lograr su aroma y sabor característicos. Se obtiene por la fermentación de granos de cereales (centeno, trigo) o de la patata. Aunque esta bebida la asociamos con Rusia parece ser que es de origen polaco. Su contenido en alcohol suele ser del 40 por ciento en volumen.
- *Whisky*. Bebida procedente de aguardiente de cereal (malta fermentada) y del destilado de granos de cereal, que se envejece en recipientes de roble. Los cereales empleados suelen ser cebada, trigo, centeno o maíz. Su graduación alcohólica está comprendida entre 40 y 62 por ciento en volumen.

Además de estas bebidas alcohólicas de alta graduación, los helados pueden incorporar:

- *Brandy de frutas*. Bebida obtenida de la maceración de frutas o partes de frutas, seguida de una destilación con adición de sustancias aromáticas. Llevan la denominación de la fruta empleada. La de Kirsch, por ejemplo, corresponde exclusivamente al brandy de cerezas o guindas.
- *Licor de zumos de frutas.* Preparado con zumos de frutas y alcoholes, debiendo tener un mínimo del 20 por ciento de zumos.
- *Licor de frutas*. Bebida obtenida de la maceración alcohólica de frutas o partes de las mismas.
- *Licor de aromas y esencias*. Preparado con esencias naturales de frutas y alcoholes.

- *Licores de café, té y cacao*, obtenidos por difusión o destilación de estas sustancias o de sus extractos con alcoholes.
- *Anís.* Licor obtenido de macerados de anís o badiana con otras sustancias aromáticas y alcoholes.

16.- Proteínas de origen vegetal

En los helados es posible sustituir las proteínas de origen lácteo por otras de origen vegetal. Son más baratas, pero se utilizan también por otras razones, como en la producción de helados dietéticos. En los procesos de extracción del aceite de semillas oleaginosas (girasol, soja, cacahuetes, etc.), queda como subproducto una torta proteínica, que debidamente procesada puede ser utilizada en alimentación humana. La soja es la semilla que más se utiliza, a nivel mundial., como ingrediente en la preparación de productos alimenticios (helados, bebidas, productos cárnicos, etc.).

Tabla 18.- Composición de las harinas de trigo, maíz, centeno, arroz, soja y patata. Fuente: *Vitónica*.

Harina	Kcal	Hidratos	Proteínas	Grasas	Fibra
De trigo	341,8	70,6 g	9,86 g	1,2 g	4,58 g
De trigo integral	332,4	60,5 g	12,7 g	2,4 g	9 g
De maíz	342,4	66,3 g	8,3 g	2,8 g	9,4 g
De centeno	365,2	74,2 g	7,9 g	2,2 g	8,5 g
De arroz	361,8	80,1 g	6 g	1,4 g	2,4 g
De soja	421,2	13 g	37,3 g	20,6 g	17,3 g
De patata	374,5	83,1 g	6,9 g	0,3 g	5,9 g

En la Tabla 18 vemos la composición dela harina de soja junto a las de trigo, maíz, centeno, arroz y patata. Como se puede observar en dicha Tabla, la harina de soja es la más rica en proteínas, grasas y fibra. Como ya hemos dicho antes, la proteína vegetal en polvo es más barata que la láctea. Puede ser utilizada para sustituir en parte a la leche desnatada en polvo. La Tabla 19 nos presenta la fórmula y preparación de un helado totalmente vegetal, sin presencia de productos lácteos.

17.- Otros productos (sal, canela, agua).

Además de los ya citados, existen otros muchos utilizados en la fabricación de helados. Así tenemos:

- La sal, que se emplea en dosis pequeñas para realzar el sabor de los helados y mejorar su textura.
- La canela, que se emplea como aromatizante en algunos tipos de helados y postres lácteos (leche merengada, arroz con leche, leche preparada granizada, etc.).
- El agua, que se utiliza para diluir el *mix* (mezcla, normalmente en polvo, de ingredientes básicos para la elaboración de helados).

En la Tabla 20 vemos una fórmula y la preparación de leche merengada helada.

Si la leche es importante para la elaboración de helados, el agua también los es. Es el principal componente de sorbetes, granizados, polos, helados de agua, etc.

El agua utilizada debe ser inodora, incolora e insípida. Su pH debe ser de 7 a 8,5, y puede contener sales minerales tales como cloruros, sulfatos, nitratos, calcio, magnesio, hierro, manganeso, siempre en cantidades muy reducidas, de forma que el residuo seco sea inferior a 0,75 gramos por litro de agua evaporada.

Tabla 19.- Helado vegetal. Sin presencia de productos lácteos, que son sustituidos por nueces, almendras y pulpas de coco. Fuente: Vegetales. About en Español.

Ingredientes

Rinde 1 cuarto de galón

• 1/2 taza de castañas de cajú crudas, remojadas previamente por unas 4-6 horas
• 1 taza de nueces macadamia crudas, remojadas por 1-2 horas
• 1/4 pulpa coco joven
• 1/3-1/2 taza almíbar de arce orgánico, o la cantidad necesaria a gusto
• 1 taza de agua
• 2 cucharaditas de extracto (esencia) de vainilla
• 1 cucharada de extracto (esencia) almendras
• Pizca de sal marina o Kosher
• 1/2 taza de aceite de coco, sin refinar, orgánica, virgen

Instrucciones

Usando una batidora o procesadora de alimentos, agregar todos los alimentos y pulsar hasta que estén bien combinados, con consistencia cremosa y suave.

Colocar la crema en una máquina para hacer helado y proceder de acuerdo a las instrucciones del fabricante.

Sirve con tus frutas de estación favoritas.

Nota: Esta fórmula se puede utilizar también en la producción industrial de helados.

Tabla 20.- Receta y preparación de la leche merengada helada. Fuente: Tú al Día.

Ingredientes
Leche: 1 litro
Claras de huevo: 3
Canela: 1 ramita
Limón: 1 mediano
Azúcar: 300 gramos
Preparación
Se pela la corteza del limón procurando cortar solamente la parte amarilla de la corteza (puesto que la parte blanca es muy amarga y además podría contener jugo, lo cual puede estropear la leche).
Se pone parte de la leche a cocer juntamente con la ramita de canela y la corteza del limón.
Después de hervir durante 5 minutos, se aparta del fuego, se quita la ramita de canela y la corteza de limón y se agrega la leche restante.
A continuación se agrega el azúcar y las claras de huevo previamente montadas a punto de nieve.
Con la ayuda de la batidora, se bate todo enérgicamente y se vierte en un recipiente.
Se pone en el congelador hasta que la leche merengada esté granizada y se bate con la batidora nuevamente hasta romper todo el hielo.
Se vuelve a poner en el congelador y se sirve cuando está totalmente helada.
Nota: esta fórmula se puede utilizar también para preparar leche merengada a nivel industrial.

18.- Mix para helados

Se denomina mix en heladería a la mezcla base (en pasta o polvo), donde están presentes los ingredientes principales, de forma que basta con agregar azúcar y agua (o bien azúcar y leche), para obtener el producto aún sin congelar y airear.

Estas mezclas se componen de:

- Ingredientes naturales (cacao, fresa, vainilla, almendras, pasas, leche en polvo, ovoproductos en polvo, etc.).
- Aditivos (colorantes, emulsionantes, antioxidantes) que ayudan a dar una determinada apariencia al helado, y que también mejoran su textura y su conservación.

Estas mezclas se pueden preparar en frío o en caliente. Cuando se elaboran en frío (sin pasterización), se procede a la mezcla con azúcar sólido, y después se añade lentamente el agua o la leche. Se deja reposar la mezcla durante algún tiempo (desde solo unos minutos a más de una hora).

También se pueden adicionar colorantes y aromatizantes si es preciso, así como frutas y otros productos. Se procede a mezclar nuevamente. Por último se pasa al mantecador para congelar e incorporar aire.

Cuando la elaboración es en caliente (con pasterización), en el depósito del pasterizador se echa el producto base, azúcar y agua o leche. Se mezclan y se calienta la mezcla a 80/85ºC durante unos 4 a 5 minutos.

Después se proceder a enfriar a 4/5ºC. Se agregan entonces, si es necesario, aromas y colorantes. Se pasa al mantecador para congelar e incorporar aire. Ya tenemos el helado final. Los productos base son de varios tipos:

- Bases neutras, donde falta los ingredientes que darán el sabor final al helado o sorbete, pero que contienen los ingredientes básicos con aditivos estabilizantes.
- Bases aromatizadas o con frutas, que ya contienen los ingredientes que darán el sabor final al producto.
- Productos para decoración y guarnición de helados

19.- Barquillos y conos

Los barquillos son delgadas hojas de pasta, hechas de harina, azúcar, canela, etc., que se cuecen de forma que queden tostadas y crujientes. Antiguamente se les daba forma de barco, de ahí su nombre. Cuando todavía están calientes, se les da el tamaño y apariencia deseados.

La elaboración de barquillos se realiza en las siguientes etapas:

- Mezcla de los diversos ingredientes hasta formar una pasta homogénea.
- Preparación de la pasta para su cocción.
- Cocción de la pasta (formación del barquillo).
- Enfriamiento de la pasta procedente del cocedor.
- Envasado final de los barquillos.

Todas estas operaciones se pueden realizar de forma manual o mediante máquinas que preparan la mezcla, la envían al horno, envasan, etc.

También se dispone de moldes para dar la forma deseada al producto final (conos, cilindros, obleas planas, etc.).

Gracias al consumo creciente de helados, se utilizan también más barquillos y conos como suplemento principal.

Tabla 21.- Fórmula y preparación de barquillos de coco. Fuente: Recetas Confidenciales.

Ingredientes para 12 unidades: 24 barquillos para helados de corte 100 gr. de coco rallado 100 gr. de azúcar glas 100 gr. de mantequilla 1 cucharada de azúcar vainillado 1/2 cucharada de zumo de limón.
Elaboración: Derretir la mantequilla en el fuego sin calentarla demasiado. Dejarla enfriar en un cuenco. Una vez esté cuajada, retirar el agua que se habrá depositado en el fondo del recipiente. Nota: la mantequilla tiene un 82% de grasa, el resto es suero, con este proceso le quitamos el agua para que no humedezca las obleas. En el vaso de una batidora ponemos el azúcar, el coco y el azúcar vainillado. Pulverizamos. Luego mezclamos este polvo con la mantequilla y el zumo de limón. Ahora untaremos las obleas con esta crema formando 6 sándwiches de 4 obleas cada uno. Cortar con un cuchillo de sierra en dos mitades obteniendo de esta forma 12 galletas. Si la crema está demasiado dura para untarla, meterla unos segundos en el microondas, pera cuidando que no se nos derrita la mantequilla pues se separaría de la mezcla. Nota: a partir de estos datos también se pueden preparar barquillos, conos, obleas, etc., a nivel industrial.

20.- Ejercicios prácticos. Las soluciones al final del libro.

1.- El azúcar de la leche es:

   a) La lactosa.
   b) La lactasa.
   c) La sacarosa.

2.- La leche se pasteuriza a temperaturas del orden de:

   a) 121 a 125ºC.
   b) 55ºC.
   c) 72 a 78ºC.

3.- La leche entera en polvo contiene:

   a) 24 a 26 por ciento de grasa.
   b) 1,2 a 1,5 por ciento de grasa.
   c) 12,3 por ciento de grasa.

4.- El contenido en grasa de la mantequilla es del orden de:

   a) 22.5 por ciento.
   b) 81 por ciento.
   c) 95 por ciento.

5.- El huevo suele contener:

   a) 0,4 por ciento de proteínas.
   b) 7,5 por ciento de proteínas.
   c) 12 por ciento de proteínas.

6.- La sacarosa tiene un poder edulcorante:

   a) Superior a la sacarina.
   b) Inferior a la glucosa.
   c) Superior a la lactosa.

7.- ¿Qué es el azúcar invertido?

8.- ¿Cuáles son los azúcares presentes en la miel?

9.- La pasta de cacao contiene:

a) Un mínimo del 50 por ciento de manteca de cacao.
b) Un máximo del 25 por ciento de manteca de cacao.
c) 10 a 12 por ciento de manteca de cacao.

10.- ¿Qué es el chocolate?

11.- ¿Qué se conoce bajo el nombre de "mix"?

12.- ¿Qué son los barquillos?

Capítulo 3 LOS ADITIVOS EN LOS HELADOS

1.- La utilización de aditivos en la elaboración de alimentos

Como consecuencia del rápido aumento de la población durante los últimos cien años, la producción de alimentos pasó de una escala familiar y de limitada distribución (dentro del mismo pueblo o ciudad), a una escala industrial y de amplia distribución. En el caso de los helados existen ambos sistemas en la actualidad, es decir, pequeñas industrias artesanales para un abastecimiento limitado a la propia población, y heladerías industriales que trabajan a nivel nacional o internacional.

Los aditivos son sustancias añadidas en pequeñas proporciones a los alimentos que ayudan a prolongar su conservación o a mejorar sus cualidades organolépticas (color, olor, sabor). Nunca se deben emplear para enmascarar defectos.

También los podemos definir como sustancias que se añaden intencionadamente a los alimentos, sin propósito de cambiar su valor nutritivo, con la finalidad de modificar sus caracteres, técnicas de elaboración, conservación y/o para mejorar su adaptación al uso que se destinen.

Los aditivos no son sustancias que posean valor nutritivo por lo que no se pueden considerar como alimento ni como ingredientes utilizados en la elaboración de alimentos.

En un principio se consideraba a los aditivos como sustancias inofensivas, pero con el paso de los años se ha visto que esto no es cierto en muchos casos. Existen aditivos que pueden resultar peligrosos y que pueden producir efectos tóxicos a largo plazo, cuando se utilizan en cantidades muy superiores a las recomendadas.

Por ello, en las listas de aditivos autorizados, se dan de baja y alta muchos aditivos en función de los estudios que se van realizando para conocer sus efectos secundarios.

Es importante notar la separación existente entre aditivos, que se añaden intencionadamente a los alimentos, e impurezas o residuos que aparecen en los alimentos por diversas causas (proceso de elaboración, mezclas, etc.), que no tienen ninguna función en el alimento y no se busca su adición intencionada.

Figura 1.- Los aditivos juegan un papel importante en la elaboración de los helados. Fuente: YouTube. El rincón del sano.

En el sitio de Internet de **AECOSAN (Ministerio de Sanidad)** nos dicen lo siguiente respecto a los aditivos:

"Los aditivos son sustancias que se añaden a los alimentos con un propósito tecnológico (para mejorar su aspecto, textura, resistencia a los micro-organismos, etc.) en distintas etapas de su fabricación, transporte o almacenamiento.

Existen 27 clases distintas de aditivos en función de sus propiedades. Por ejemplo, los colorantes son aditivos que añaden o restablecen el color de los alimentos mientras que los conservantes aumentan la vida útil de los mismos.

Todos los aditivos que se usan en la Unión Europea deben haber sido evaluados y autorizados. Para ello deben haber demostrado que son seguros a las cantidades utilizadas, que son necesarios en los alimentos en los que se autorizan y que no llevan a engaño al consumidor.

Los aditivos deben figurar en la lista de ingredientes de los alimentos indicando la función que desempeñan en el mismo. Pueden estar listados por su nombre o por el denominado *número E*, que es el código con el que se autorizan en la Unión Europea.

Por ejemplo, cuando se utiliza *ácido acético* como antioxidante, en el etiquetado se podrá encontrar: "antioxidante (ácido acético)" o "antioxidante (E 260)".

2.- Los aditivos empleados en los helados

Los helados tienen la ventaja de conservarse siempre a muy bajas temperaturas hasta su consumo. Ello hace que no sea necesaria la adición de aditivos conservantes, ya que basta con el frío que es el mejor y más natural sistema de conservación. Lo que sí se utilizan en los aditivos son:

- Colorantes para ensalzar o modificar el color de un helado.
- Edulcorantes artificiales que potencian el sabor dulce del helado.
- Agentes aromáticos que ayudan a realzar el olor de los helados.
- Potenciadores del sabor.

- Espesantes y gelificantes que ayudan a producir una mezcla homogénea y duradera de los diversos ingredientes que componen el helado.
- Antioxidantes para evitar el enranciamiento de la parte grasa de los helados.
- Otros aditivos que pueden provenir de las materias primas utilizadas en la fabricación de los helados.

Figura 2.- Explicación del color de los cuerpos. Fuente: Profesor Leonardo Fernández. Ciencias Físicas.

3.- Los colorantes

El color observado en los cuerpos depende del tipo de radiaciones absorbidas o reflejadas al recibir un haz de rayos de luz blanca. Por ello el color se puede definir como la impresión que produce en la vista la luz reflejada por un cuerpo.

Si un cuerpo absorbe todos los colores, sin reflejar ninguno, a nuestra vista aparece de color negro. Si por el contrario los refleja todos, aparecerá blanco.

Dentro de un color se distinguen *tonos* (intensidad del color) y su *gama* (mezcla de un color con cantidades variable de blanco y negro).Los colorantes son sustancias que añadidas a otras les proporcionan, refuerzan o varían el color.

Los colorantes son usados por la humanidad desde tiempos muy remotos. En un principio se emplearon colorantes extraídos de plantas e incluso minerales. En la actualidad, también se utilizan los colorantes artificiales o sintéticos, llamados a sí por ser obtenidos por procedimientos químicos de síntesis.

Los colorantes se pueden clasificar de la siguiente manera:

- *Colorantes orgánicos* procedentes de plantas y animales tales como clorofila, carotenos, riboflavina,
- *Colorantes minerales* tales como lacas, sulfato de cobre, cromato de plomo, etc. No se utilizan en alimentación por llevar iones metálicos.
- *Colorantes artificiales*, obtenidos por síntesis química. Se utilizan en alimentación por sus muchas ventajas: proporcionan un color persistente, ofrecen colores de la intensidad que se desee, son de alta pureza y bajo coste, etc.

Los colorantes se utilizan en los helados por varias razones:

- *A.- Dan un color uniforme*. Por ejemplo, el zumo de naranja tiene un color distinto según variedades, grado de madurez, época del año, procedencia, etc. Por ello, si tratamos de preparar y comercializar un sorbete de naranja partiendo de zumo natural su color sería distinto según los parámetros antes citados.

- Para evitar estas desigualdades en el color se puede añadir un colorante que uniformiza el color para que el consumidor encuentre siempre un producto idéntico.

Figura 3.- La famosísima Kim Kardashian tomando un helado en la heladería Ben & Jerry's de París. Fuente: Kim Kardashian Blog.

Tabla 1.- Listado de colorantes con sus códigos de identificación de la Unión Europea. Fuente: Unizar.es

E 100 Curcumina	E 151 Negro brillante BN
E 101 Riboflavina	E 153 Carbón medicinal vegetal
E 101a Riboflavina-5-fosfato	E 154 Marrón FK
E 102 Tartracina	E 155 Marrón HT
E 104 Amarillo de quinoleína	E 160 a Alfa, beta y gamma caroteno
E 110 Amarillo anaranjado S, amarillo ocaso FCF	E 160 b Bixina, norbixina, rocou, annatto
E 120 Cochinilla, ácido carmínico	E 160 c Capsantina, capsorubina
E 122 Azorrubina	E 160 d Licopeno
E 123 Amaranto	E 160 e Beta-apo-8'-carotenal
E 124 Rojo cochinilla A , Ponceau 4R	E 160 f Ester etílico del ácido beta-apo-8'-carotenoico
E 127 Eritrosina	E 161 Xantofilas
E 128 Rojo 2G	E 161 b Luteína
E 129 Rojo Allura AC	E 161 g Cantaxantina
E 131 Azul patentado V	E 162 Rojo de remolacha, betanina
E 132 Indigotina , carmín de índigo	E 163 Antocianinas
E 133 Azul brillante FCF	E 170 Carbonato cálcico
E 140 Clorofilas	E 171 Bióxido de titanio
E 141 Complejos cúpricos de clorofilas y clorofilinas	E 172 Oxidos e hidróxidos de hierro
E 142 Verde ácido brillante BS , verde lisamina	E 173 Aluminio
E 150a Caramelo natural	E 174 Plata
E 150b Caramelo de sulfito caústico	E 175 Oro
E 150c Caramelo amonico	E 180 Litol-rubina BK
E 150d Caramelo de sulfito amónico	

B.- Realzan el color natural. Por ejemplo, a la hora de elaborar un helado de fresa, puede ser que el color sea débil si solo se añaden fresas. Se puede reforzar con un colorante.

C.- Ocultar algún defecto. Salvo en casos muy leves que no afecten a la salud del consumidor, no se deben utilizar los colorantes para ocultar defectos.

4.- Agentes aromáticos

Los agentes aromáticos se definen como aquellas sustancias que proporcionan olor y sabor a los productos alimenticios a los que se incorporan.

En el sitio de Internet de **AECOSAN** del Ministerio de Sanidad, nos dicen lo siguiente respecto a los aromas:

"Los aromas son sustancias que se añaden a los alimentos para darles olor o modificar el olor o sabor que tienen. Se usan normalmente durante la producción de alimentos porque los procesos utilizados suelen modificar sus características organolépticas.

Existen distintos tipos de aromas y se clasifican en función de su obtención (ejemplo: síntesis química, combustión de madera o fuentes naturales) y sus características (sustancias puras o preparados). Además existen ingredientes alimentarios que se utilizan como aromas cuando se venden al consumidor en alimentos compuestos (ejemplo: especias).

Todos los aromas que se usan en la Unión Europea deben haber sido evaluados (excepto los preparados obtenidos a partir de alimentos) y autorizados. Para ello deben haber demostrado que son seguros a las cantidades utilizadas y que no llevan a engaño al consumidor.

Los aromas deben figurar en la lista de ingredientes de los alimentos como *aromas* o con una denominación más específica. Además podrá utilizarse el término *natural* cuando se hayan obtenido en su totalidad a partir de fuentes naturales."

Desde el punto de vista de su origen podemos establecer dos grandes grupos:

1. Agentes aromáticos naturales.
2. Agentes aromáticos artificiales obtenidos por síntesis.

En el primer grupo tenemos los obtenidos a partir de productos tales como frutos, cortezas de frutos, etc., así como los obtenidos por síntesis a partir de productos naturales. Por ejemplo, en la corteza del os cítricos (naranja, limón) existen unos aceites esenciales de alto poder aromático.

Los aromas artificiales tienen un alto poder aromatizante a pequeñas dosis, son más baratos que los naturales y son persistentes en el tiempo. La lista de aromatizantes artificiales permitidos es muy larga (más de 300).

En cuanto a la toxicidad de los agentes aromáticos, podemos decir que es nula en el caso de los naturales. En cuanto a los artificiales autorizados, dadas las dosis tan bajas a las que se emplean, no hay ningún riesgo.

Tabla 2.- Listados de sustancias edulcorantes con su código según la Unión Europea. Fuente: Unizar.es.

E 950	Acesulfamo K
E 951	Aspartamo
E 952	Ciclamato
E 953	Isomaltosa
E 954	Sacarina
E 957	Taumatina
E 959	Neohesperidina
E 965 i	dihidrocalcona
E 965 ii	Maltitol
E 966	Jarabe de Maltitol
E 967	Lactitol
Xilitol	

5.- Edulcorantes

Los edulcorantes artificiales son los que actúan sobre el sabor de los alimentos produciendo una sensación dulce. Poseen un poder edulcorante muy superior a los azúcares naturales y no tienen valor nutritivo. Se utilizan para reforzar el sabor de los alimentos, como complemento a los azúcares o por sí solos.

La sacarina y los ciclamatos así como sus mezclas, son los edulcorantes artificiales más utilizados en alimentación.

En el caso de los helados suelen ser muy poco utilizados, ya que con la adición de edulcorantes naturales (sacarosa, glucosa, fructosa, etc.), se consigue el dulzor y cuerpo deseados.

6.- Aditivos estabilizadores

Los estabilizadores se definen como aquellas sustancias que impiden el cambio de forma o naturaleza química de los alimentos a los que se incorporan, inhibiendo reacciones químicas o manteniendo el equilibrio químico de los mismos.

Dentro de este grupo tenemos emulgentes, espesantes, gelificantes, etc. Muchas sustancias o aditivos tienen funciones múltiples (espesantes y gelificantes, por ejemplo), por se les estudia agrupados.

En el caso de los helados, nos interesan sobre todo los emulgentes, espesantes y gelificantes.

Los productos emulgentes se definen como aquellos que añadidos a los alimentos tienen como fin mantener la dispersión uniforme de dos o más fases no miscibles.

Los espesantes ayudan a mantener la estructura y el cuerpo del alimento. Se añaden a una solución líquida para hacer más espesa. Los gelificantes permiten obtener la estructura del gel (como la gelatina).

La yema de huevo mejora las cualidades en el batido y facilita la congelación. Las proteínas de la leche tienden a estabilizar la estructura del helado. Son varias las causas que provocar la separación de fases en un helado:

- Agitación inadecuada.
- Acciones microbianas.
- Almacenamiento a temperaturas inadecuadas.

Tabla 3.- Aditivos gelificantes, estabilizantes y espesantes. Fuente: Unizar.es

Código y nombre	Código y nombre
E 400 Acido algínico E 401 Alginato sódico E 402 Alginato potásico E 403 Alginato amónico E 404 Alginato cálcico E 405 Alginato de propilenglicol E 406 Agar-agar E 407 Carragenanos E 410 Goma garrofin E 412 Goma guar E 413 Gomna tragacanto E 414 Goma arábiga E 415 Goma xantana E 416 Goma karaya E 417 Goma Tara E 418 Goma gellan E 420 i Sorbitol E 420 ii Jarabe de sorbitol E 421 Manitol	E422 Glicerol E 432 Monolaurato de sorbitán polioxietilenado, polisorbato 20 E 433 Monooleato de sorbitán polioxietilenado, polisorbato 80 E 434 Monopalmitato de sorbitán polioxietilenado, polisorbato 40 E 435 Monoestearato de sorbitán polioxietilenado, polisorbato 60 E 436 Triestearato de sorbitán polioxietilenado, polisorbato 65 E 440 i Pectina E 440 ii Pectina amidada E 442 Fosfatidos de amonio E 444 Acetato isobutirato de sacarosa E 445 Esteres gliceridos de colofonia de madera

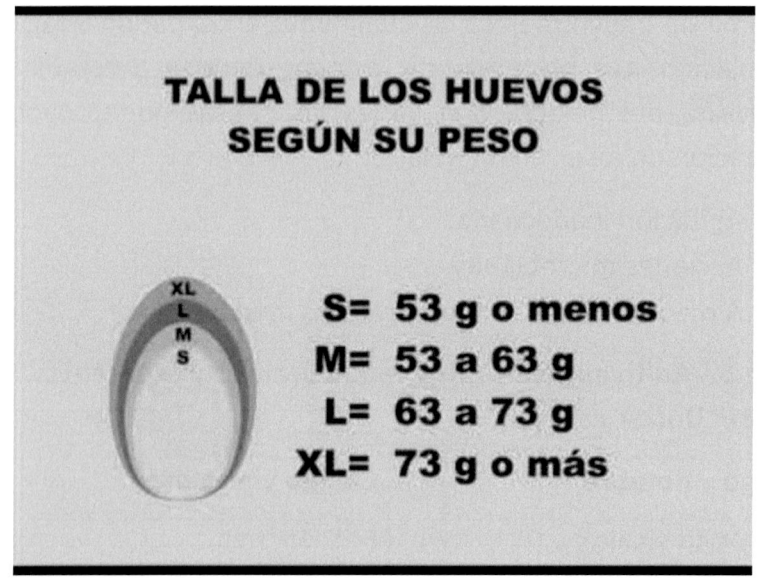

**TALLA DE LOS HUEVOS
SEGÚN SU PESO**

S= 53 g o menos
M= 53 a 63 g
L= 63 a 73 g
XL= 73 g o más

Figura 4.- La yema de huevo mejora las cualidades de batido y facilita la coagulación de los helados. Fuente: YouTube. Aidé Nio.

Por ejemplo, durante el almacenamiento pueden aparecer pequeños cristales de hielo o grandes cristales procedentes de la fusión de los más pequeños. Esto puede deberse a variaciones en la temperatura de almacenamiento (por encima y por debajo del punto de fusión). Es decir, al subir la temperatura se forma agua líquida, que al bajar de nuevo, cristaliza. Para evitar esto se utilizan estabilizadores tales como la gelatina, agar-agar, goma de garrofín, etc. Como dijimos, muchas sustancias tienen efectos múltiples, actuando a la vez como gelificantes, espesantes, etc. Es el caso de la gelatina y la pectina.

7.- Conservantes y antioxidantes

Los conservantes son productos químicos que añadidos en pequeñas dosis alargan la vida útil del alimento.

Como ya dijimos anteriormente, en el caso de los helados no es necesaria su utilización ya que al ser un producto congelado se puede mantener muy bien durante semanas e incluso mese. Para ello hay que mantener siempre el helado congelado. Todos sabemos que un helado se vuelve líquido si la temperatura aumente, y ya no es posible rehacerlo.

Los antioxidantes son aditivos que en pequeñas dosis evitan que se enrancien las grasas y aceites. Como en el caso de los conservadores, los helados no necesitan antioxidantes, si se conservan adecuadamente (la abrigo del aire y de la luz).

8.- Ejercicios prácticos. La soluciones al final del libro.

1.- ¿Qué son los aditivos?

2.- La letra que se utiliza en la Unión Europea para los aditivos es:

   a) La letra E mayúscula.
   b) La letra B mayúscula.
   c) La letra A mayúscula.

3.- ¿Qué función tienen los antioxidantes en los helados?

4.- Enumerar algunas de las ventajas de los colorantes artificiales

5.- ¿Cuáles son los colorantes naturales más usados en los helados?

6.- ¿Para qué se utilizan los aditivos emulgentes?

Capítulo 4 MICROBIOLOGÍA DE LOS HELADOS

1.- Qué es la microbiología

La microbiología es la ciencia que estudia los organismos de pequeñas dimensiones, no visibles a simple vista en la mayoría de los casos. A estos seres se les llama microbios o micro-organismos.

Estos microbios tienen el mismo ciclo vital que los seres superiores. Es decir, nacen, crecen, se reproducen y mueren. Para desarrollar su ciclo vital necesitan tomar alimentos que encuentran en los más diversos productos (frutas, pescados, carnes, harinas, etc.). También pueden aparecer en los helados, ya que muchos microorganismos resisten las bajas temperaturas y se reactivan cuando suben.

Muchas veces, los microorganismos están en el aire, en las paredes de los depósitos, en la envoltura, en las materias primas, etc.

Las primeras formas de vida que aparecieron en nuestro planeta fueron unos seres unicelulares microscópicos que se desarrollaron en el agua.

Esas formas de vida siguen teniendo un papel decisivo en nuestro planeta. Desde el punto de vista humano, unas veces son beneficiosos y otras perjudiciales. En cuanto a sus acciones benéficas tenemos:

- Producen la descomposición de los animales muertos.
- Producen la descomposición de la materia orgánica (vegetal y animal) presente en el suelo, haciéndola asimilable para las plantas.

- Algunos de estos microorganismos tales como Rizobium y Azetobácter, son capaces de fijar el nitrógeno atmosférico, que después es utilizado por las plantas para formar sus propias estructuras proteínicas.
- Se utilizan en procesos de elaboración de diversos alimentos (quesos, yogures, vinos, cervezas, etc.).

En cuanto a sus acciones perjudiciales, algunos de ellos pueden provocar intoxicaciones, enfermedades e incluso la muerte. Por ejemplo, hay que llevar mucho cuidado con la salmonela que provoca intoxicaciones graves y que puede infectar a muchos alimentos (huevos, carne de pollo) y también podemos encontrarnos con operarios infectados. Por ello el heladero debe operar con higiene y utilizar materias primas libres de infecciones.

2.- Tipos de microorganismos

La clasificación más aceptada para los microorganismos es la siguiente:
- Bacterias.
- Levaduras.
- Mohos.
- Virus.

Al igual que los seres superiores, los microorganismos se han clasificado en familias, géneros y especies, atendiendo a sus caracteres externos (tamaño, forma, movilidad, apariencia, etc.). Se le da nombres latinos (bacillus, enterobacter, leuconostoc, proteus, aspergillus, penicillium, salmonella, etc.).

3.- Bacterias

Las bacterias son seres microscópicos, unicelulares, de unas dimensiones de 0,4 hasta unas 30 micras, de diversas formas y que se reproducen por simple división.

Se necesita la ayuda del microscopio, de unos 1.000 aumentos o más, para poder verlas, además de proceder previamente a su coloración.

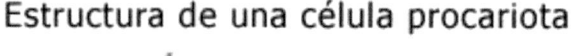

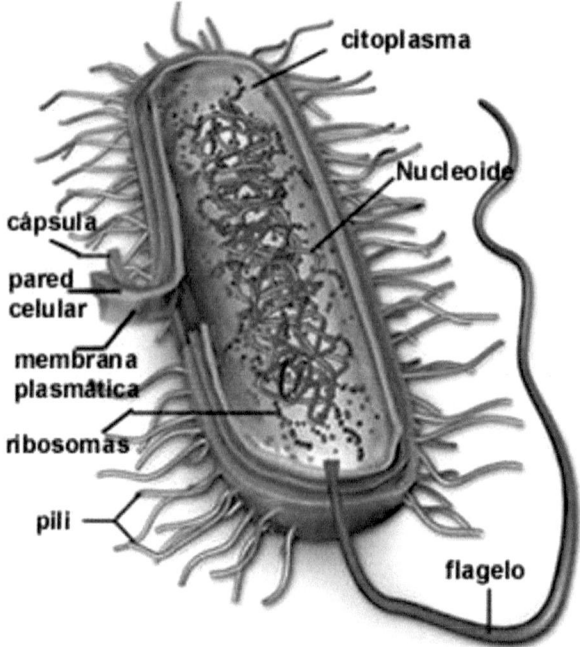

Figura 1.- Estructura de una célula. Fuente: Universidad Nacional de Córdoba. Argentina.

La Figura 1 nos presenta una célula y sus componentes principales que son: núcleo o nucleoide, citoplasma, membrana plasmática, pared celular, cápsula, flagelos, ribosomas, etc.

El núcleo es la parte central y su misión es controlar la vida y reproducción de la bacteria. Contiene toda la información genética que se transmitirá a las nuevas células que se formen. Unas veces lleva una membrana protectora y otras simplemente está contenido en el interior del citoplasma sin membrana de separación.

El citoplasma rodea al núcleo y tiene una consistencia semilíquida, estando constituido por proteínas, almidón, grasas, enzimas, sales, etc.

Las funciones metabólicas de la bacteria tienen lugar en el citoplasma, que necesita absorber sustancias nutritivas del medio que le rodea y expulsar el producto de su metabolismo. Esto se hace a través de la membrana plasmática. Para proteger esta membrana, las células tienen una pared celular, que a su vez suele estar incluida dentro de una cápsula de gruesas paredes y de estructura más rígida, Ver la Figura 1.

Las bacterias pueden ir provistas de flagelos y *pilis*, que le sirven para moverse en medios líquidos.

Estas protuberancias citoplasmáticas, parecidas a pelos y cuyo número y longitud dependen del tipo de bacteria.

Según su forma exterior (ver la Figura 2), las bacterias se clasifican de la siguiente forma:

- Cocos. Son bacterias de forma esférica.
- Bacilos. Son bacterias de forma alargada, variables en longitud y espesor según especies.
- Fspirales. Bacterias que adquieren la forma espiral, más o menos pronunciada según especies.

Dentro de los cocos tenemos:

- Diplococos, que se asociación de dos en dos.
- Micrococos, que se distribuyen uniformemente, sin una forma de asociación determinada.
- Estafilococos que se asociación en grupos compactos, formando racimos.
- Estreptococos, que son cocos asociados formando cadenas.

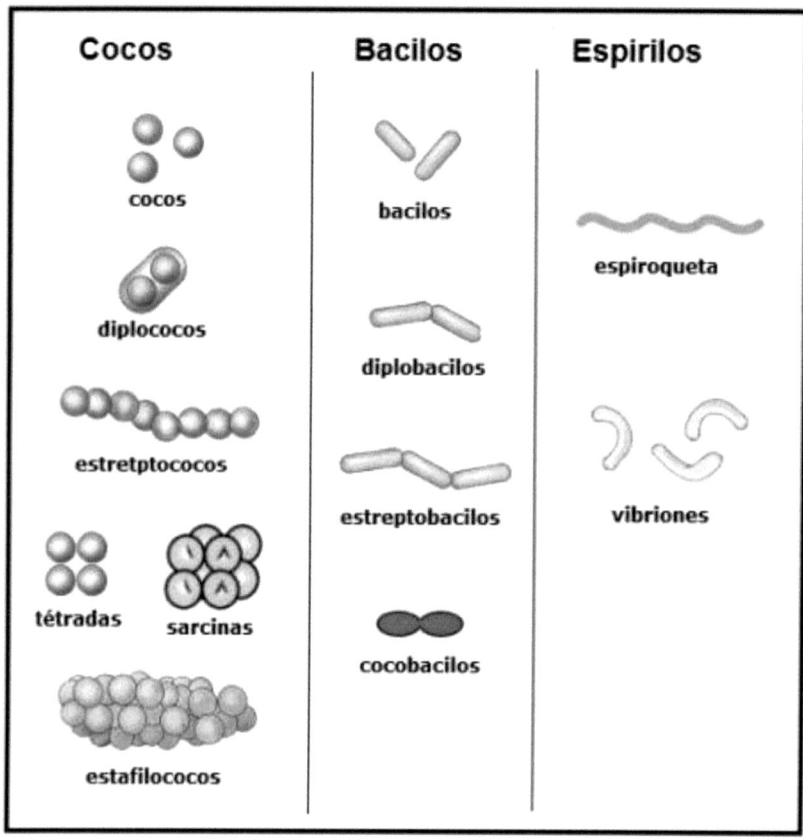

Figura 2.- Tipos de bacterias según su forma y sistemas de agrupación. Fuente: IMAGUI.

Los cocos son los más pequeños con unas dimensiones de 0,5 a 2 micras.

La reproducción de las bacterias es asexual, por simple división. El ritmo de división suele ser de una división cada 20 a 30 minutos, lo que quiere decir que en unas once horas podemos tener más de 10 millones de células a partir de solo una. Este ritmo de reproducción se ve frenado en la práctica por factores tales como:

- Disponibilidad de nutrientes.
- Proporción de agua presente.

- Productos tóxicos procedentes del propio metabolismo de las bacterias.
- Temperatura ambiente.
- Acidez y concentración de sales en el medio.

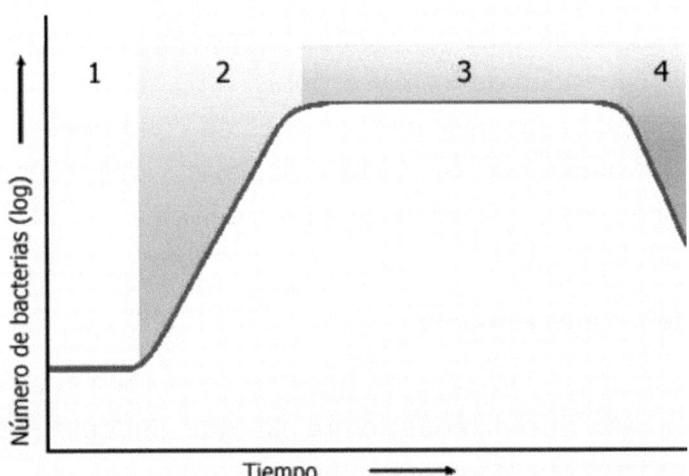

Curva de crecimiento de una población bacteriana

Figura 3.- Curva del desarrollo de las bacterias. Fuente: Geopaloma. IES El Pinar.

La Figura 3 nos presenta la típica curva de crecimiento de las bacterias, que se divide en las siguientes etapas:

1.- *Aclimatación al medio*. Esta fase puede ser muy corta o muy larga, dependiendo de la composición del medio y de la propia bacteria. Si las condiciones para su desarrollo son las adecuadas (temperatura, nutrientes, humedad, etc.), apenas si necesita aclimatación.

2.- *Crecimiento logarítmico*. Al ser el medio el apropiado, sin residuos metabólicos, el crecimiento es muy rápido.

3.- *Fase estacionaria*. Las bacterias se siguen dividiendo pero a un ritmo menos fuerte. Ya se empiezan a producir muertes a una velocidad similar, por lo que se mantiene un equilibrio entre las nuevas bacterias y las que mueren.

4.- *Fase de extinción*. Ya empiezan a faltar nutrientes y los residuos metabólicos de las propias bacterias inhiben su formación. Es decir, el número de bacterias que mueren es muy superior al de las nuevas.

Cuando las condiciones del medio son hostiles, algunas bacterias tienen la capacidad de formar esporas. Estas formas de vida son capaces de de sobrevivir muchos años en condiciones adversas (falta de humedad, temperaturas bajas, etc.). Cuando las condiciones vuelven a ser favorables, vuelven a desarrollarse en forma de bacterias.

4.- Bacterias más comunes

En los alimentos, incluidos los helados, se pueden encontrar un gran número de bacterias, entre las que podemos destacar: bacterias lácticas, coliformes, butíricas, propiónicas, etc.

Las lácticas son muy abundantes en la naturaleza y en los alimentos (leche, queso, helados, embutidos, etc.). Se las llama así porque entre sus productos metabólicos figura el ácido láctico. Toman los azúcares de los alimentos y los transforman en ácido láctico, hidrógeno, dióxido de carbono y energía. Se presentan en forma de bacilos y cocos (ver la Figura 4.2). No tienen la capacidad de formar esporas y son destruidas por el calor (72-75ºC durante 15 a 20 segundos). Por ejemplo, en la elaboración de yogur se utilizan dos bacterias lácticas que son:

- *Streptococcus thermophilus.*
- *Lactobacillus bulgaricus.*

Estas bacterias transforman gran parte de la lactosa de la leche en ácido láctico.

Las bacterias lácticas se encuentran de forma natural en los helados hechos con productos lácteos. No son perjudiciales para la salud, al contrario, cooperan en la buena digestión.

Las bacterías coliformes son perjudiciales, pero si los helados se elaboran de forma higiénica, con materias primas de calidad, no existe peligro alguno. Son bacterias que necesitan una temperatura de unos 37ºC para desarrollarse. También transforman los azúcares en ácido láctico, hidrógeno y CO_2 desprendiendo un olor desagradable.

El más conocido de los microorganismos coliformes es la *Escherichia coli.* Su presencia en los alimentos indica falta de higiene. Si se toma una muestra de un gramo de helado, no debe contener ninguna bacteria *E. Coli.*

En cuanto a las bacterias butíricas son abundantes en la naturaleza (suelos, plantas, estiércol, etc.). Forman esporas en condiciones adversas. Su temperatura óptima de desarrollo es de unos 37ºC. Se las llama así por su capacidad de formar ácido butírico entre los productos de desecho de su metabolismo. La más conocida es el *Clostridium botulinum*, llamada así porque puede producir una grave enfermedad llamada botulismo. Si los helados se elaboran con higiene no existe el más mínimo riesgo de que se presente este problema. Es más propio de conservas manejadas con falta de higiene y mal esterilizadas.

5.- Levaduras

Son microorganismos de mayores dimensiones que las bacterias. Son unicelulares y con formas variables (esféricas, ovaladas, cilíndricas). Pueden medir de 2 a 100 micras de longitud, con un diámetro de 2 a 10 micras (la micra es la milésima parte de un milímetro).

Al igual que las bacterias, tienen núcleo, citoplasma, pared celular y membrana citoplasmática. El núcleo no tiene membrana de separación y queda libre en el citoplasma.

Las levaduras se encuentran presentes de forma abundante en suelos, frutas, verduras, etc. Las levaduras presentes en los helados pueden proceder de algunas de las materias primas utilizadas (zumos, frutas), pero dado que se destruyen a temperaturas bajas no suelen presentar problema alguno. Además en la pasterización de la mezcla, se destruyen con facilidad.

6.- Mohos

Los mohos son microorganismos multicelulares, compuestos por células individuales. Al igual que las bacterias y las levaduras, tienen un núcleo central envuelto por el citoplasma, una membrana semipermeable que asegura el intercambio de sustancias con el exterior y una pared celular rígida. La reunión de diversas formas de estas células constituyen un *micelio*, que puede llegar a verse a simple vista. Un micelio tiene varias ramificaciones o *hifas*, en cuyos extremos se desarrollan las esporas, que es su forma más común de reproducción.

En cuanto a la presencia de mohos en los helados, podemos indicar lo mismo que en el caso de las levaduras. Es decir, que se puede deber a las materias primas utilizadas, pero que con la pasterización se les destruye fácilmente. Además, no aguantan las bajas temperaturas de los helados.

7.- Virus

Los virus son estructuras que difícilmente se pueden catalogar, ya que no tienen metabolismo propio para desarrollarse a partir de un medio de cultivo, por muy completo que sea en nutrientes.

Necesitan infectar un ser vivo (células de un vegetal o animal). Sus dimensiones son muy reducidas (0,02 0,06 micras). Son de forma oval o redonda con una pequeña cola que utilizan para penetrar en las células que infectan.

Los virus que atacan a bacterias se llaman bacteriófagos y pueden causar graves problemas en las industrias alimentarias. Por ejemplo, en el caso del yogur atacan a los lactobacilos destruyéndolos y dificultando que el yogur cuaje.

No suele existir problema algunos de virus en los helados ya que se destruyen por pasterización y además no aguantan las bajas temperaturas propias de los helados.

8.- Análisis microbiológico de los helados

Las fábricas de helados de ciertas dimensiones suelen disponer de un laboratorio microbiológico para hacer análisis y comprobar que no hay presentes microorganismos perjudiciales para la salud del consumidor.

Los análisis que se suelen hacer son los siguientes.

A.- Recuento total de microorganismos aerobios revivificables. Nos da una idea aproximada del grado general de contaminación de un helado.

Revivificable indica que se trata de microorganismos que aunque hayan detenido su desarrollo por las bajas temperaturas, pueden volver a crecer y multiplicarse cuando las condiciones del medio les sean favorables.

Si el número de estos microorganismo por gramo de helado es superior a 200.000, quiere decir una mala calidad del producto, que puede ser debida a las materias primas o a la falta de higiene (operarios sucios, utensilios sin lavar, etc.).

B.- Investigación y recuento de enteobacteriaceae lactosa positiva (coliformes).

Ya hemos visto que las bacterias coliformes son perjudiciales. La presencia de estas bacterias en alimentos indica falta de higiene, malas materias primas, conservación inadecuada, etc. Aunque estas bacterias no son excesivamente perjudiciales, pueden indicar lapresencia de otras más patógenas como la Salmonella. La ingestión de alimentos contaminados con coliformes puede producir diarreas, algo de fiebre, vómitos, dolores de cabeza, etc. Suelen aparecer estos síntomas a las 12-18 horas de la ingestión del alimento y durar 2 a 3 días como máximo, sin revestir gravedad si se toman las precauciones necesarias. Su presencia en helados debe ser nula o con un máximo de 100 coliformes por gramo de producto.

C.- Identificación de Staphylococcus aureus.

Cuando se utilizan en la elaboración de helados materias primas contaminadas tales como leche en polvo en mal estado, nata, mantequilla, etc., puede aparecer en el producto final la *Staphylococcus aureus*, bacteria no esporulada que se puede destruir si la pasterización de la mezcla se realiza correctamente. Es una bacteria patógena que se presenta también cuando los equipos, utensilios y máquinas no se lavan adecuadamente, quedando resto de leche o helado en los que crecen dichas bacterias. Los síntomas por intoxicación con estafilococos aparecen pronto (2 a 6 horas) y se caracterizan por náuseas, vómitos, diarrea, dolores abdominales, etc. Se aconseja descanso y beber líquidos. Al cabo de unos dos días desaparecen los síntomas, sin presentarse más complicaciones. En los helados, según la legislación, se exige que no pasen de 50 *St. Aureus* por gramo de leche.

D.- Investigación de salmonella.

La salmonela es una bacteria que no fermenta la lactosa (azúcar de la leche9 pero sí la glucosa, produciendo gas.

Es la bacteria productora de la frecuente y temida intoxicación conocida como salmonelosis. Aparece en productos de origen animal (huevos, leche, carne), desde donde se transmite a otros alimentos y al consumidor. Al ser ingerida, se fija en las paredes del intestino, desarrollándose en su mucosa, produciendo *gastroenteritis aguda*.

Los síntomas son diarreas, dolores abdominales, mareos, malestar y vómitos. Su aparición puede ser muy rápida (4 a 6 horas) o tardar hasta dos días como periodo de incubación. Después viene a durar dos a tres días, eliminándose la salmonela por las heces. Si se trata con los antibióticos adecuados no suele ser grave. En los helados se exige la ausencia total de salmonelas.

E.- Investigación de la shigella.

Las shigellas son bacterias productoras de la intoxicación denominada sigelosis o disentería bacilar. Se presenta con menos frecuencia que la salmonelosis, pero sus síntomas son parecidos y en algunas ocasiones más graves: fiebres muy altas, diarreas fuertes, mareos, etc.

Se suelen presentar en verano, cuando se dan mejores condiciones para su desarrollo (temperaturas altas, presencia de transmisores como moscas y mosquitos9. Los primeros síntomas pueden aparecer en apenas 3 horas y tardar de 4 a 6 días en manifestarse plenamente.

Se trata con antibióticos específicos. En los helados se exige ausencia total de este tipo de bacterias.

9.- Ejercicios prácticos. Las soluciones al final del libro.

1.- Definir qué es la microbiología

2.- Enumerar los tipos de microorganismos

3.- Enumerar algunos de los componentes de las células

4.- Los cocos son bacterias con:

   a) Forma esférica.
   b) Forma alargada.
   c) Forma espiral.

5.- Enumerar las cuatro fases de la curva de desarrollo de las bacterias

6.- Las bacterias lácticas toman los azúcares de los alimentos y los transforman en:

   a) Ácido acético.
   b) Omega 3.
   c) Ácido láctico.

7.- La salmonella es:

   a) Un moho.
   b) Una bacteria.
   c) Un virus.

Capítulo 5 FABRICACIÓN DE HELADOS

1.- Diagrama del proceso de fabricación

La elaboración artesanal e industrial de helados incluye las siguientes etapas:

- Recepción y almacenamiento de las materias primas y aditivos que se utilizarán en la fabricación de los helados.
- Mezcla de los ingredientes de forma que se consiga un mix en estado líquido.
- Homogeneización de la mezcla, de forma que se consiga un producto perfectamente diluido, sin grumos, impurezas, etc.
- Pasterización de la mezcla para destruir posibles microorganismos patógenos.
- Maduración de la mezcla durante unas horas.
- Batido con aire y congelación. Lo que en el argot heladero se conoce por *mantecación*.
- Envasado de los helados en conos, tarrinas, paquetes familiares, bloques a granel, polos, etc.
- Endurecimiento de los helados y conservación en estado congelado.

Dependiendo de la cantidad y variedad de helados producidos, una heladería puede disponer de maquinaria más o menos sofisticada. Para nuestro estudio vamos a clasificar las heladerías en:

A.- Heladerías artesanales y de tipo medio. En estas se dispone de maquinaria sencilla y sin una gran automatización. Cubren un área geográfica limitada. Requieren la intervención más directa del heladero en las diferentes etapas que hemos citado, y que suelen ser discontinuas.

B.- Heladerías industrias (las de mayores dimensiones y que suelen cubrir un espacio mayor). En estas heladerías los procesos suelen ser continuos y automatizados.

Por las características de unas y otras, es más fácil la automatización de las industriales, pero existen también máquinas muy apropiadas para las artesanales.

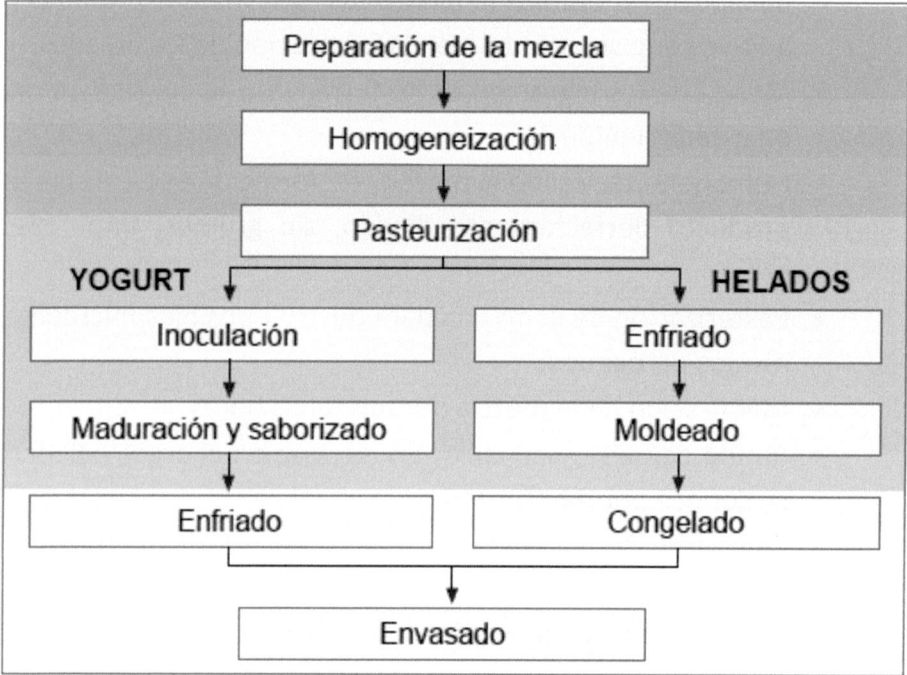

Figura 1.- Diagrama de flujo de la elaboración de yogures y helados. Fuente: Compañía de Alimentos Lácteos Ltda DELIZIA. Bolivia.

2.- Elaboración artesanal de helados

La Figura 2 nos presenta una instalación compacta para la elaboración de helados. Como se puede apreciar en dicha Figura, todos los equipos van montados sobre un bastidor común de acero inoxidable.

Llevan todas las conexiones necesarias entre los equipos, para su correcto funcionamiento en las distintas etapas de elaboración.

La empresa fabricante *FINAMAC* describe así su funcionamiento y los equipos que la integran.

"**Proceso**
- Preparar y calentar la mezcla hasta 80ºC en el tanque de proceso (Tiempo de preparación y calentamiento: 50 minutos).
- Accionar bomba de transferencia hacia el tanque.
- Volver a empezar la preparación de nueva mezcla en el tanque de proceso.
- Conectar la torre de enfriamiento y banco de agua helada.
- Accionar la bomba de circulación para enviar la mezcla a la máquina homogeneizadora.
- Saliendo de la homogeneizadora la mezcla circula a través del cambiador de calor, se calienta a la temperatura de 80ºC para luego ser enfriada a 4ºC. Después pasa al depósito de maduración.
- Después del enfriamiento, se debe volver a iniciar el proceso cargando el tanque de transferencia con la mezcla ya calentada y preparada en el tanque de proceso.
- El depósito se conecta a la mantecadora mediante una manguera. La mantecadora de trabajo en régimen continuo posee bomba propia de succión para la mezcla base con la que producirá el helado. Resaltamos que las mantecadoras continuas Finamac Arpifrio permiten el trabajo con presión de salida de helado suficiente para poder alimentar las envasadoras automáticas para fabricación de vasos, sundae, conos, etc.
- Para incorporación de pulpas acoplar la productora continua al mezclador de frutas.

DESCRIPCIÓN DE LOS COMPONENTES

CALENTADOR. Finalidad: calentar el fluido de transferencia térmica (agua) que circulará en los tanques de procesamiento, transfiriendo calor a la mezcla a través de conducción térmica. Descripción:

- Potencia térmica efectiva: 18000 Kcal/h.
- Consumo de GLP: 1,56 kg/h. GLP: gases licuados del petróleo.
- Aislamiento térmico: a través de capas de lana de vidrio confiriendo alto índice de aislamiento.
- Presión máxima del quemador: 280 mm c.a.
- Cuerpo externo: acero inoxidable AISI 304.
- Quemador: proyectado para la quema de GLP o gas natural, de acuerdo con el pedido.
- Control de temperatura: automático, con una válvula solenoide y un termóstato electrónico arreglable.
- Seguridad: con válvula, corta el paso del gas si la llama piloto es extinguida.
- Panel eléctrico: en acero con pintura electrostática, IP55.
- Potencia eléctrica: 0,3 KW, 220 V, monofásico.

BOMBA DE CIRCULACIÓN. Finalidad: circular alrededor de los tanques de proceso el fluido de transferencia térmica originado en el calentador. Descripción:

- Motor revestido en acero inoxidable AISI304.
- Sello mecánico con refrigeración, específico para líquidos calientes, de diseño sanitario.
- Carcasas desmontables fijas por abrazadera de cierre rápido, de fácil desmontaje para limpieza.
- Lavado CIP (limpieza *in situ*).
- Motor: 220/380 V, trifásico, ½ hp, 60 Hz (50 Hz), IP55.

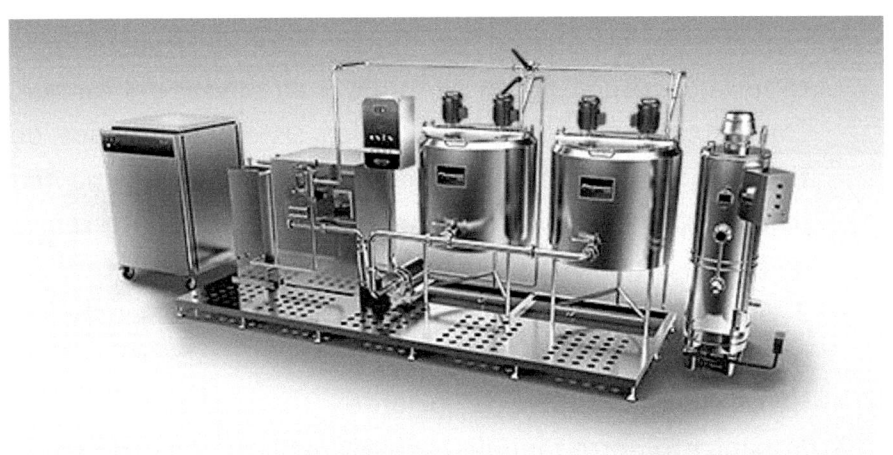

Figura 2.- Instalación compacta para la elaboración de helados. Fuente: FINAMAC.

TANQUE DE PROCESO. Finalidad: tanque para mezclar los ingredientes de la mezcla base de helados, por medio de agitación y calentamiento. Capacidad: 300 litros. Descripción:

- Acero inoxidable AISI 304, tanque interno de esquinas redondeadas y acabado interno sanitario pulido, que facilita la limpieza.
- Tapa basculante, facilitando el acceso al interior del tanque.

- Circuito de circulación de fluido para la transferencia térmica, incorporado en ell fondo y alrededor del tanque, con sistema alveolar (sustituye los sistemas antiguos de tubo de cobre enrollado alrededor del tanque, sistema *half pipe* o encamisado), permite un alto grado de transferencia de calor y suministra un mayor ahorro de energía.
- 2 agitadores de alta rotación para la mezcla eficiente del producto.
- Hélice con gran superficie cortante.
- Aislamiento entre tanque interno y externo con espuma de poliuretano inyectado.
- Termómetro digital para conocer la temperatura de calentamiento.
- Motores eléctricos IP 54.
- Potencia: 2,2 KW, 220 V, trifásica.

TANQUE DE TRANSFERENCIA. Finalidad: Tanque para almacenar la mezcla base donde se realiza su formulación y agitación, y el calentamiento en el cambiador de calor por placas. Capacidad: 300 litros. Descripción:

- Fabricado en acero inoxidable AISI304, con esquinas redondeadas y acabado interno sanitario, pulido, facilitando la limpieza.
- Tapa basculante bipartida facilitando el acceso al interior del tanque.
- Agitador de baja rotación.
- Aislamiento entre las caras internas y externas mediante espuma de poliuretano inyectado. Potencia: 60 Watts, 220 V, trifásica.

BOMBAS DE TRANSFERENCIA. Finalidad: Para la transferencia de la mezcla base líquida ya calentada, desde el depósito hacia la máquina homogeneizadora o cambiador por placas.

Descripción:

- Motor: 220 V, trifásico, ¾ hp, 60 Hz, IP 55.
- Motor revestido en acero inoxidable AISI 304.
- Sello mecánico con refrigeración, específico para líquidos calientes, de diseño sanitario.
- Carcasas desmontables, fijas por abrazadera de cierre rápido, lo que facilita el desmontaje para limpieza.
- Permite lavado CIP.

FILTRO DE LÍNEA. Finalidad: contener impurezas y material de partículas no disueltas en el tanque de mezcla. Material: acero inoxidable AISI 304. Desmontable. Conexión al proceso por abrazadera.

CAMBIADOR DE CALOR POR PLACAS. Finalidad: Para pasteurización y enfriamiento de la mezcla homogeneizada.

Los fluidos circulan en contracorriente entre placas de acero inoxidable onduladas, de forma que el flujo sea de régimen turbulento, lo que mejora el coeficiente de transmisión de calor .La pasterización se puede hacer a unos 80ºC. El enfriamiento se puede realizar en dos etapas: primera etapa.- Pasar de 80 a 40ºC haciendo circular en contracorriente agua de la red. Segunda etapa: Se pasa de 40 a 4ºC, circulando la mezcla en contracorriente con agua glicolada a baja temperatura (2ºC).

Descripción:

- Cambiador de calor con placas en acero inoxidable AISI 316, que van separadas por juntas de caucho nitrílo. Las placas son desmontables.
- Capacidad: 300 litros/h (mezcla con 38% de sólidos).

UNIDAD ENFRIADORA (AGUA HELADA). Finalidad: Suministrar agua helada al cambiador de placas en la segunda etapa.

Descripción:

- Unidad utilizada para suministrar agua helada entre 1ºC y 6ºC al cambiador de placas en el segundo paso.
- Operación automática con bajo consumo y bajo nivel de ruido, conteniendo: Protección contra cortocircuito y sobrecargas. Compresor hermético Maneurop Danfoss. Evaporador de placas, construido en acero inoxidable 316 y cobre. Conexiones en acero inoxidable. Material de brazaje 99,9% de cobre. Condensador de tubos concéntricos (partes en contacto con agua de cobre). Termóstato para control de la temperatura. Presostato de alta presión de condensación. Capacidad nominal: 12.500 Kcal/h. Agua helada: 7,50 m3/h a 25 m.c.a. Temperatura de agua helada: regulable de 1ºC a 25ºC. Condensación: por agua, vacío mínimo de 3,0 m3/h a unos 28ºC.Electricidad: alimentación 220 V, trifásica, mando 220 V, IP 54. Potencia: 4,7 KW. Conexiones: 1" (agua helada), ¾" (agua de condensación), ½" (agua de re-emplazamiento).

TUBERIAS DE TRANSFERENCIA. Finalidad: para enviar la mezcla pasteurizada hacia el depósito de maduración: manguera de plástico atóxico transparente con diámetro interno de 1".

Conexión al proceso: sanitaria tri clamp diámetro de 1" presión de operación de 6 bar.

PANEL DE MANDOS: en acero carbono con pintura electrostática. Grado de protección IP 55.

Cuadro eléctrico: embutido en el panel de mandos con puerta de acceso frontal. Contactores eléctricos, relés térmicos de protección contra la sobrecarga de corriente y contactores auxiliares. Sensor electrónico de temperatura de la caldera y del tanque de proceso con Pt 100.

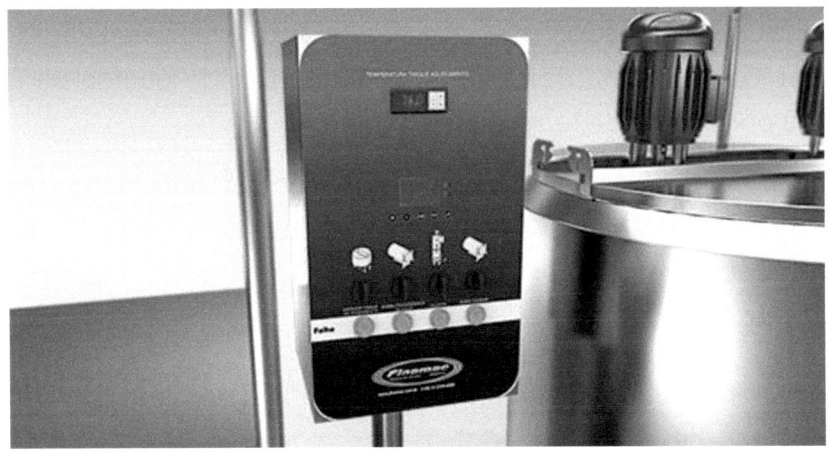

Figura 3.- Detalle del panel de control de la instalación de la Figura 2. Fuente: FINAMAC.

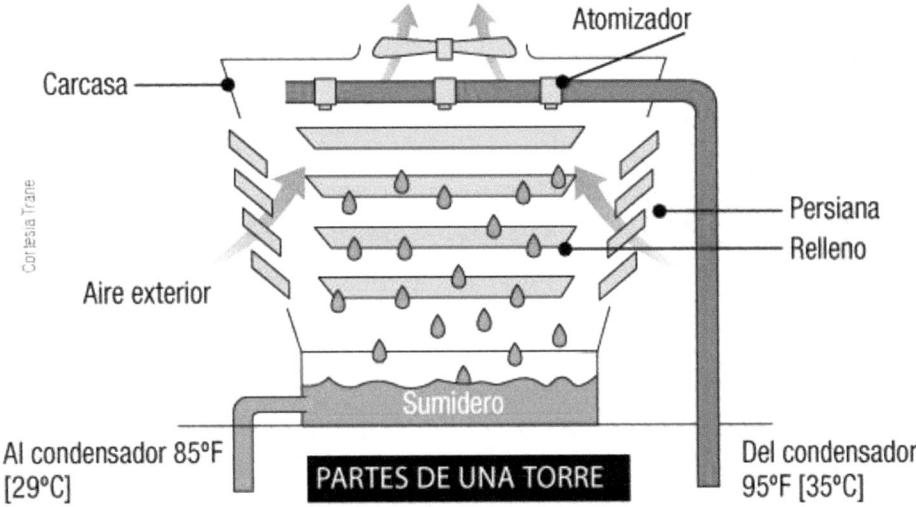

Figura 4.- Principio de funcionamiento de una torre de enfriamiento de agua. Fuente: TRANE.

Cuadro de mandos: controlador de temperatura microprocesado programable con configuración de los parámetros de seguridad. Luminoso indicativo de funcionamiento de los componentes. Luminoso indicativo de defecto en los componentes.

Sistema de protección de la caldera con programación de temperatura máxima de calentamiento (impide la quema de la mezcla por exceso de temperatura).

Sistema de dosificación de agua con control automático de vaciado, garantizando la uniformidad en la receta, evitando así errores operacionales por dosis incorrecta.

TORRE DE ENFRIAMENTO

Descripción: las torres de enfriamiento de agua del modelo HTF (Horizontal de Tiro Forzado) tienen como característica el sistema de insuflación de aire. Simple y compactos. Ítems dispuestos de manera a reducir el tamaño y obtener la máxima capacidad. Su sistema reduce la pérdida de agua por evaporación y arrastre, disminuyendo la necesidad de reposición.

Características:

- Cuerpo construido de PRFV (poliéster reforzado con fibra de vidrio) autoportante y no corrosivo.
- Relleno de polipropileno montado en bloques compactos de alta resistencia mecánica, fácil de manejar y lavar.
- Eliminador de gotas en polipropileno, limita la pérdida por arrastre a 0,15% del vaciado de agua circulante.
- Distribución de agua en tubos de PVC reforzado con PRFV, con pulverizadores de baja presión.
- Motor hermético, blindado con clase IP55.
- Hélice del tipo axial acoplada directamente al motor, cubo en aluminio y palas en polipropileno con perfil *air foil.*

HOMOGENEIZADORA

Equipo para homogeneizar la mezcla al menor tamaño de partículas posible, ofreciendo mejor calidad e incorporación de aire a la mezcla final.

Trabaja en alta presión, fuerza la perfecta mezcla entre grasas, sólidos y líquidos." Fin de la cita de FINAMAC.

3.- Descripción de los equipos y las fases de elaboración de un helado

Ya hemos visto en las páginas anteriores una planta compacta para la producción de helados. Vamos a describir con cierto detalle los equipos y las fases de la elaboración.

1.- Los *depósitos de mezcla* se fabrican en acero inoxidable, con tapa del mismo material y agitador de paletas movido por un motor de dos velocidades. El depósito debe ir provisto de un termómetro digital para conocer en todo momento la temperatura de la mezcla.

Figura 5.- Depósito de acero inoxidable, con tapa, encamisado (para circulación de fluidos refrigerantes o calefactores), y provisto de paletas de agitación. Fuente: RO-CA. La Solución Tecnoalimentaria.

Con objeto de conseguir una buena mezcla de los ingredientes y una posterior pasterización de la misma, el depósito lleva una camisa entre sus paredes externa e interna, por donde puede circular vapor o agua caliente. Una bomba colocada al lado del depósito envía la mezcla al homogeneizador.

4.- La homogeneización

El homogeneizador de la mezcla va provisto de un cabezal de homogeneización (ver la Figura 6) y un manómetro para conocer en todo momento la presión de trabajo. Lleva un motor incorporado para mover la bomba de alta presión y está forrado de acero inoxidable.

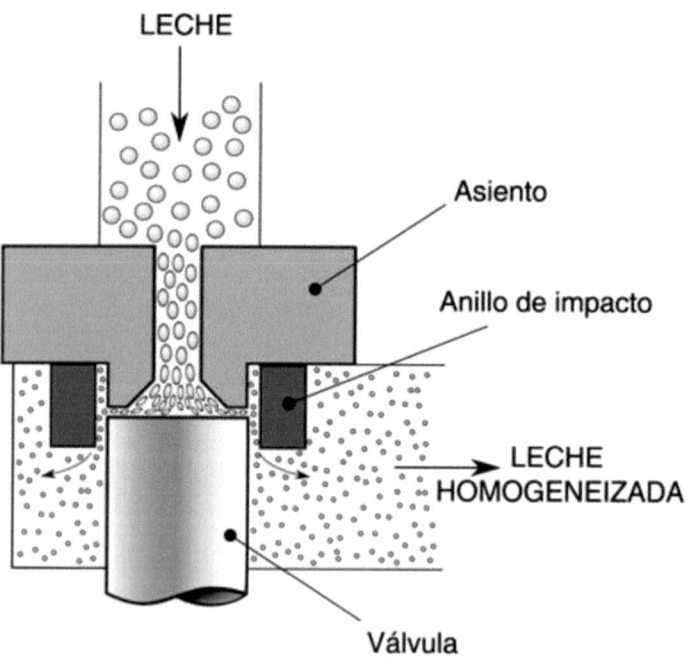

Figura 6.- Principio de funcionamiento de un homogeneizador de alta presión para productos lácteos y helados. Fuente:

En el caso de una heladería de tipo medio se puede emplear un homogenizador de una capacidad de 200 litros de mezcla por hora. Su funcionamiento es en régimen continuo. En la Figura 6 vemos su principio de funcionamiento.

El producto entra a una alta presión en el cabezal, donde se encuentra con una válvula que deja paso muy estrecho, de forma que el producto se divide finamente.

5.- La pasteurización

Una vez homogeneizada la mezcla podemos proceder a su *pasterización* para destruir los posibles gérmenes patógenos que pudiese contener. La pasterización la podemos realizar de dos formas:

1.- En heladerías artesanales o de tamaño medio podemos emplear un depósito encamisado, donde se puede calentar la mezcla hasta 73-78ºC durante unos 40-45 segundos. El depósito debe ir provisto de un agitador lento, para que el calor se distribuya uniformemente.

Como el proceso es rápido no existe destrucción del valor nutritivo de los ingredientes.

2.- Heladerías de mayor tamaño se puede utilizar un aparato pasteurizador de placas (Figuras 7 y 8). Como se aprecia en la Figura 7, los fluidos circulan entre placas de acero inoxidable muy finas y con ondulaciones. El sistema de circulación es turbulento y viene determinado por el diseño ondulado de las placas, como acabamos de citar.

Normalmente estos aparatos tienen tres secciones dentro del propio aparato y una exterior (tubo de mantenimiento de la temperatura de pasterización):

1.- Sección regenerativa. Donde la mezcla líquida entrante a 20/40ºC se encuentra con la saliente ya pasterizada que está a una temperatura de 85ºC. De esta forma se calienta la entrante hasta 75ºC.

2.- Sección de calentamiento. La mezcla ya calentada a 75ºC se calienta hasta 85ºC en contracorriente con agua caliente (90-95ºC) o vapor de agua 100ºC).

3.- Tubo de mantenimiento. La mezcla a 85ºc sale del aparato de placas y pasa a un tubo de acero inoxidable donde se mantiene dicha temperatura durante unos segundo (8 a 15).

4.- Sección de enfriamiento. La mezcla pasterizada y que ha pasado por la sección regenerativa, se enfría finalmente a unos 5ºC en contracorriente con agua helada a 2ºC.

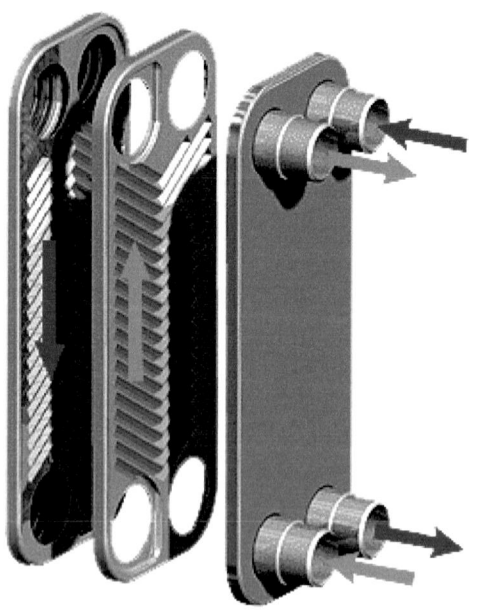

Figura 7.- Placas entre las que circulan los fluidos en un pasteurizador. Fuente: Alfa Laval.

Figura 8.- Pasteurizador de placas con tres secciones (regenerativa, calentamiento y enfriamiento. Fuente: Alfa Laval.

El tubo de mantenimiento exterior se puede sustituir por otra sección de placas dentro del pasteurizador, de forma que su paso por esa sección dure los segundos que queremos mantener la temperatura de 85ºC. Como vemos, para conseguir el enfriamiento de la mezcla en la cuarta sección, es necesario disponer de una unidad de producción de agua helada.

Las placas de acero inoxidable (Figura 6) son de un espesor muy delgado (0,6 a 1 milímetro), de forma que se facilita mucho el intercambio térmico entre los fluidos. Todas las placas llevan unas aberturas en sus extremos por donde entran y salen los fluidos. El espacio entre placas también es muy estrecho lo que hace que se mejore más aún el intercambio térmico ya que los fluidos circularán en régimen turbulento.

Se pueden escoger otras temperaturas de pasterización. Por ejemplo 71 a 74ºC durante 45 a 50 segundos. En la actualidad se tiene a la pasterización alta (85ºC) y durante pocos segundos (8 a 15), ya que se preservan mejor las propiedades nutritivas del producto.

6.- La maduración

La maduración consiste en dejar la mezcla durante unas horas (8 a 12) a una temperatura de unos 2 a 5ºC, de forma que los ingredientes tengan tiempo de hidratarse. Durante este periodo se debe proceder a una agitación lenta.

Esta operación se suele realizar en un depósito de acero inoxidable provisto de agitador, con patas soporte y tapa superior. Va provisto de un termómetro para conocer la temperatura de maduración de la mezcla.

En la parte inferior lleva una bomba centrífuga. Cuando se termina la maduración, mediante esta bomba, se envía el producto al congelador (mantecador).

En una heladería de tamaño medio se puede usar un depósito de unos 250 litros.

La Figura 9 corresponde a un depósito para la maduración de la mezcla de las siguientes características:

A.- Tanque cilíndrico en acero inoxidable, con circuito de enfriamiento alrededor y al fondo. Hace la refrigeración por medio del gas de refrigeración o de agua helada

B.- Agitador de baja rotación fijado al tanque, garantizando la perfecta distribución del frío al producto, e impidiendo la decantación de los sólidos suspendidos en la formulación.

Gracias a esta baja rotación, se evita la formación de espumas donde podrían proliferar organismos patogénicos (pudiendo provocar enfermedades) y también se evita la incorporación de aire en la mezcla.

La maduración es el último proceso antes de la congelación del helado. Mejora la acción de los estabilizantes de la fórmula, aumentando el tiempo de vida del producto, además de ayudar a la incorporación de aire en el posterior batido y congelación.

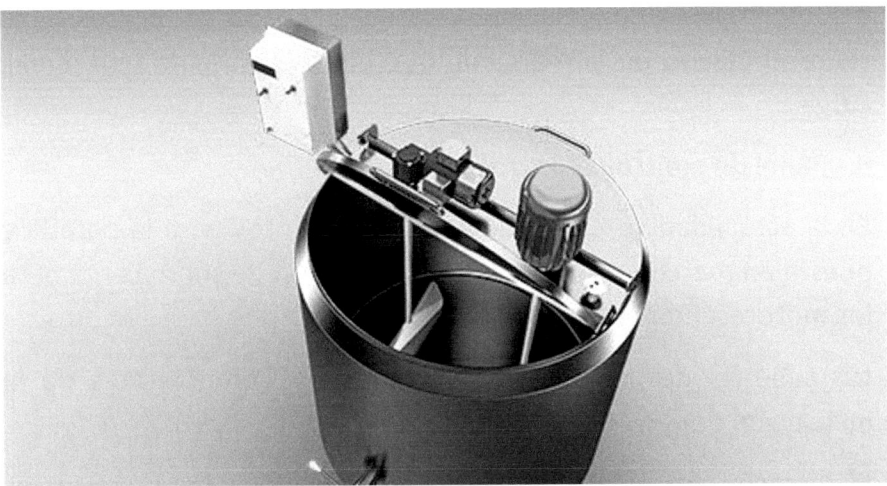

Figura 9 depósito de acero inoxidable para la maduración de la mezcla. Lleva un agitador de rotación lenta. Fuente: FINAMAC.

7.- Congelación e incorporación de aire

En esta operación se busca la incorporación de aire al helado, así como su congelación, con lo cual tenemos el helado definitivo. Se puede utilizar un aparato de trabajo en continuo o por lotes.

A.- Congelador continuo con compresor incorporado para la producción de gas refrigerante. Debe ir provisto también de un condensador enfriado por agua y de un rotor que gira a velocidades variables entre 400 y 1.000 r.p.m.

Un aparato de este tipo puede dar una producción de 25 a 125 litros/hora de helado con 100% de overrun. Nota: como veremos más adelante el overrun nos indica el volumen de aire que se incorpora a la mezcla. La incorporación de aire a la mezcla es fundamental, ya que si no se hiciese resultaría un helado muy duro y frío.

B.- Congelador por lotes. En este caso se carga el aparato con un lote de producto (50 litros de mezcla, por ejemplo), y se procede a su agitación y congelación. Una vez acabada la operación, se retira el helado de la máquina, que queda lista para una nueva carga.

8.- Panel de control de la operación

En la actualidad se hacen digitales, con puntos para la parada y puesta en marcha de las bombas, protección de sobre carga para los motores, etc.

Las tuberías de conexión entre todos los componentes de la instalación deben ser de acero inoxidable.

El ejemplo de instalación que hemos dado es uno entre los muchos posibles, ya que son factibles otras combinaciones, variando la capacidad de las máquinas, las funciones de las mismas, los sistemas de calentamiento y enfriamiento, el tipo de homogeneización, las temperaturas y tiempos de pasterización, etc. Después se pasa al envasado, endurecimiento, almacenamiento y distribución de los helados, operaciones que estudiaremos más adelante. La elaboración artesanal de helados presenta diversas características:

- Gran flexibilidad en la utilización de las máquinas.
- Posibilidad de elaborar una gran variedad de helados sin apenas tiempos muertos.

- Limpieza manual de los equipos.
- Manejo sencillo de los equipos. No es necesario personal muy cualificado.
- Poco espacio ocupado. Con una sala de 100 metros cuadrados tenemos suficiente.

9.- Elaboración industrial de helados

La figura 10 nos presenta el diagrama del proceso de fabricación industria de helados. Así tenemos:

1.- Las *materias primas.* Aquí simbolizadas por una cántara de leche. Otras materias primas sería: nata, leche en polvo, proteínas de lactosuero, azúcar, estabilizadores de la mezcla, etc. Todas ellas deben ser analizadas para controlar su calidad.

2.- *Depósitos de almacenamiento* de los ingredientes líquidos (leche, nata, zumos, etc.). Como siempre los depósitos deben estar construidos en acero inoxidable, e ir provistos de termómetros, agitadores, camisa para el calentamiento y/o enfriamiento, boca de hombre, tuberías de conexión, indicadores de nivel, sistema para la limpieza in situ (CIP), etc.

3.- *Silos de almacenamiento para los productos sólidos* (leche en polvo, ovoproductos, suero en polvo, etc.). También deben ser de acero inoxidable, con sistemas de carga y vaciado, sistemas de limpieza, etc.

4.- *Sistemas de pesado* de los ingredientes.

5.- *Depósitos para el almacenamiento de aromas*. Se tienen en pequeños depósitos de acero inoxidable, para su incorporación a la mezcla una vez pasterizada ésta.

6.- *Depósitos para* la *mezcla de los ingredientes sólidos y líquidos*, en las dosis apropiadas. También de acero inoxidable.

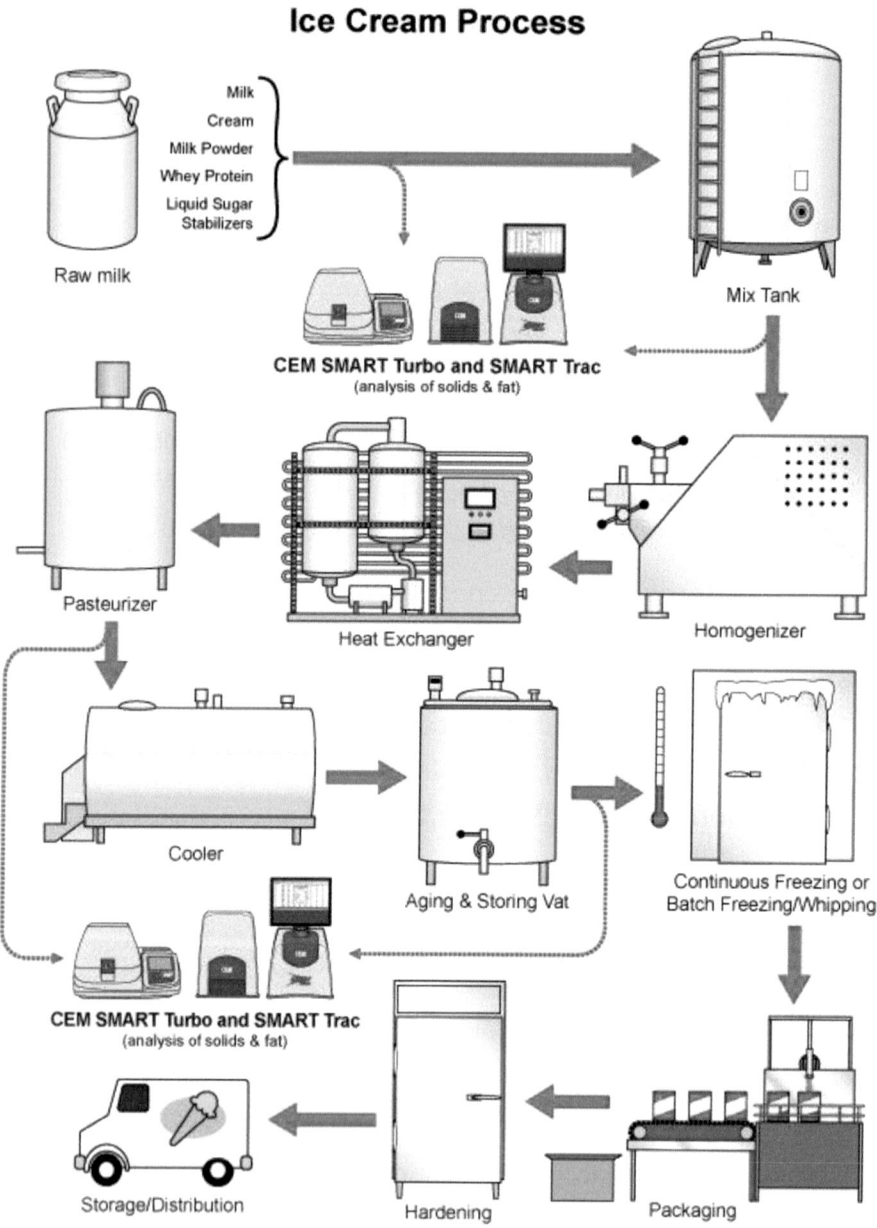

Figura 10.- Diagrama del proceso de fabricación de helados. Fuente: CEM Corporation.

Los elementos que vemos en la Figura 10 con su traducción al español son los siguientes:

- **Raw milk: leche cruda.**
- **Mix tank: depósito para la mezcla.**
- **Pasteurizer: depósito pasteurizador.**
- **Heat exchanger: intercambiador de calor.**
- **Homogenizer: homogeneizador.**
- **Cooler: enfriador.**
- **Aging & storing vat: depósito de maduración.**
- **Continuous freezing or batch freezing/shipping: congelación continua o batido y congelación por lotes.**
- **Packaging: envasado.**
- **Hardening: endurecimiento.**
- **Storage/distribution: almacenamiento y distribución.**

7.- *Homogeneización de la mezcla* en un aparato de alta presión. Estos aparatos ya los estudiamos en el epígrafe 5.4 de este mismo capítulo.

8.- Pasterizador de placas con varias secciones. Estos aparatos también los hemos estudiado en este mismo capítulo (epígrafe 5 y figuras 7 y 8). **Nota:** se puede utilizar tanto la palabra "pasteurizador" como "pasterizador". Así como también es válido hablar de "pasteurización" o "pasterización". Este proceso lleva su nombre en memoria del científico Louis Pasteur que lo desarrolló en vinos y productos lácteos.

9.- Depósitos de acero inoxidable para almacenamiento y *maduración de la mezcla.*

10.- *Mantecadores,* también conocidos con *freezers* en el argot heladero. Trabajan en continuo para incorporar aire y congelar la mezcla.

Figura 11.- Louis Pasteur (1822-1895), reputado científico francés que consiguió grandes avances en microbiología. Demostró que los gérmenes patógenos mueren por calentamiento.

11.- Líneas de envasado de conos, tarrinas, barquillos, bloques, envases familiares, granel, etc.

12.- Túnel de endurecimiento para bajar aún más la temperatura de los helados, con lo que se aumenta su periodo de conservación.

13.- Almacenamiento frigorífico y reparto posterior en los vehículos apropiados para mantener la temperatura del helado, sin que se derritan.

Las características de una instalación de producción industrial de helados son las siguientes:

- La dosificación de ingredientes, pesaje, pasterización, homogeneización, congelación, envasado, etc., son operaciones que se realizan de forma continua.

- Es posible proceder a la limpieza por soluciones detergentes de las máquinas (depósitos, bombas, tuberías, pasteurizadores, etc.) sin necesidad de desmontarlos (limpieza *in situ*, CIP siglas en inglés: cleaning in place).
- Se puede automatizar la instalación de forma que puede funcionar con gran seguridad y pocos operarios.
- Se requieren operarios con una buena preparación técnica.
- Se pueden conseguir producir muy alta, casi sin límites (por ejemplo, 3000 litros/hora de mezcla, 10.000 litros/hora, etc.).

Existen otras muchas variantes de la instalación que hemos descrito, dependiendo de la producción diaria que queramos conseguir, de los tipos de helados a fabricar, etc.

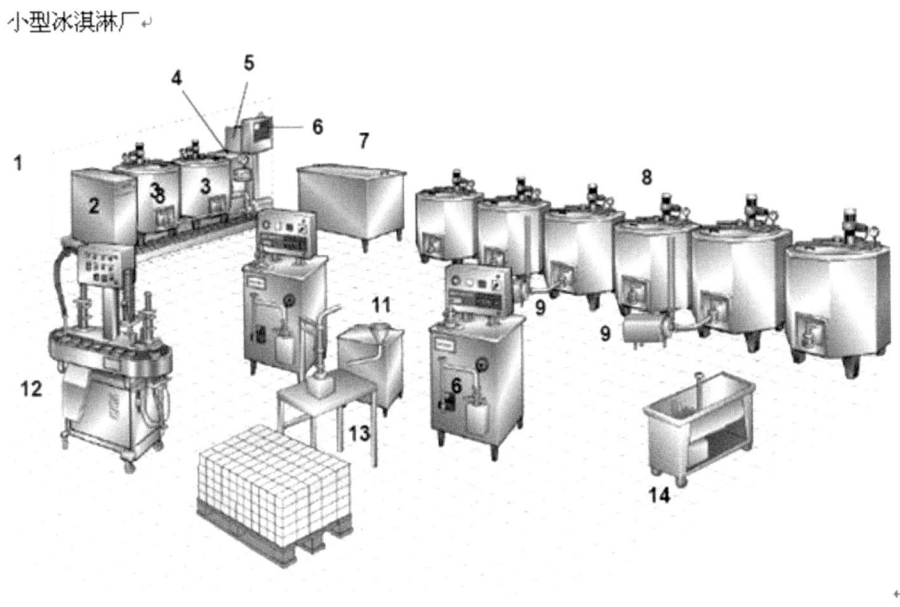

Figura 12.- Disposición en planta de una línea de producción industrial de helados. Fuente: HH Machine. China.

La Figura 12 nos da la disposición en planta de una línea de producción de helados, que puede ocupar una superficie de unos 750 metros cuadrados. Su capacidad de producción puede estar comprendida entre 100 y 2500 litros/hora de mezcla. Lleva una sola máquina de envasado para tarrinas, pero se pueden añadir otras envasadoras para conos, envases familiares, etc. Es de funcionamiento semicontinuo, ya que algunas de su máquinas funcionan por cargas (mantecadores por ejemplo), mientras otras son continuas (máquinas envasadoras por ejemplo). Pero al disponer de dos o más mantecadores se consigue dar continuidad al proceso.

10.-Envasado de los helados

Los helados que se distribuyen envasados aumentan continuamente su presencia en el mercado por varias razones:

- ❖ Se pueden adquirir en todo tipo de puntos de venta (supermercados, quioscos callejeros, heladerías, bares, cafeterías, etc.).
- ❖ El producto mantiene sus características higiénicas al ir cerrado y bien envuelto.
- ❖ Servicio rápido de venta al cliente, sin manipulación del producto.
- ❖ Ahorro de mano de obra en la distribución y venta. Etc.

Las empresas industriales disponen de líneas de envasado que podemos clasificar en:

- ❖ Envasado de conos.
- ❖ Envasado de copas y/o tarrinas.
- ❖ Envasado en bloques.
- ❖ Envasado de helados a granel.
- ❖ Producción y envasado de polos y barritas.

Normalmente, al envasado le sigue le sigue el endurecimiento del helado en un túnel de congelación o en una cámara frigorífica de baja temperatura.

En el caso de los polos, el endurecimiento se realiza en la propia máquina llenadora.

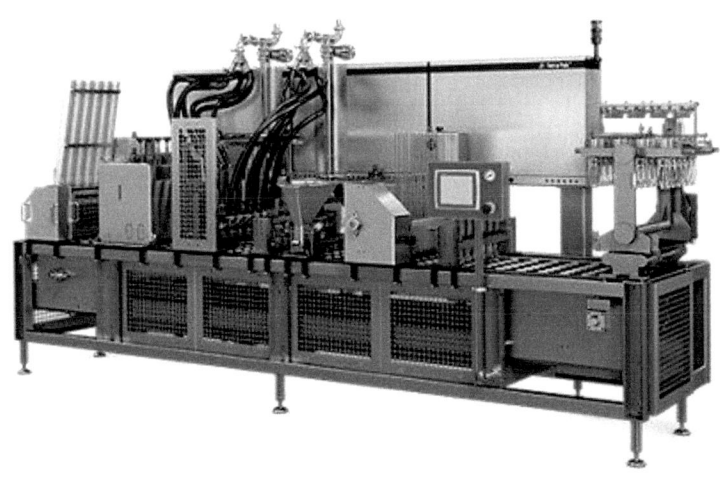

Figura 13.- Máquina llenadora de helados Tetra Pak.

La Figura 13 corresponde a una máquina llenadora de helados Tetra Pak, cuyas características son las siguientes:

"Dispensa los conos de forma confiable y eficiente

Este dispensador está diseñado para operar de forma confiable incluso cuando los conos utilizados no son de buena calidad o tienen, por ejemplo, bordes plegados. Los conos se separan y dispensan desde la pila, en lugar de dejarlos caer. Esta acción controlada evita que los conos se peguen y elimina varios problemas comunes.

ROCIADOR DE CHOCOLATE PRECISO

Reduce el desperdicio y ahorra dinero. Gracias a una dosificación volumétrica individual, se rocía solo la cantidad exacta de chocolate a cada cono. Solo se puede utilizar la cantidad suficiente de chocolate como para recubrir el cono y protegerlo de la humedad, pero no más. Una boquilla sin aire garantiza una distribución uniforme de chocolate.

SISTEMA MODULAR DE VÁLVULAS DE LLENADO

Permite la producción de muchos productos diferentes. La configuración básica comprende una llenadora paralela para dos sabores de helado con acompañamientos de hasta 10 mm. Con módulos adicionales, se pueden combinar estos dos sabores de varias formas. Por ejemplo, en patrones concéntricos, con forma de molino, remolino y con salsa en el centro o en el exterior, todos con o sin acompañamientos. La válvula de llenado también puede, por supuesto, funcionar con tan solo un sabor.

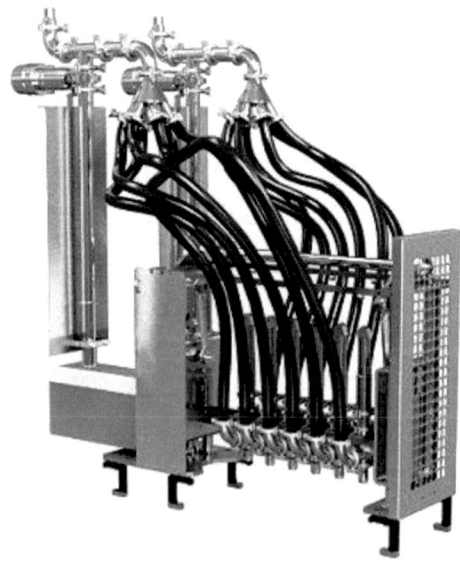

Figura 14.- Sistema modular de válvulas de llenado de la máquina de Tetra Pak.

BOQUILLAS INTERCAMBIABLES

Puede producir una gama de patrones de llenado fácilmente. Las boquillas de llenado están sujetas con abrazaderas y se deben cambiar cuando desea realizar un patrón de llenado diferente. Por ejemplo, superficie suave, con pliegues, arremolinada y arremolinada con salsa. También están disponibles boquillas con rosetón múltiple para lograr efectos de decoración.

DISTRIBUCIÓN DINÁMICA

Proporciona una dosificación altamente exacta con poco desperdicio. El helado que ingresa se agita mientras se divide en la cantidad de carriles necesarios para el llenado. Esto, en combinación con un control altamente preciso de la válvula de llenado, garantiza que se alimente la cantidad de helado exacta en cada cono o taza, con una desviación estándar menor al 1,5 por ciento.

VÁLVULA CON SUCCIÓN TRASERA

Permite realizar decoraciones húmedas sin afectar la calidad. Las válvulas superiores de decoración individuales con succión trasera permiten decorar su producto con chocolate o salsa de frutas, sin goteos. El líquido se alimenta a las válvulas desde una estación de bombeo y se dosifica con una boquilla durante un tiempo controlado. Al finalizar, se succionan las últimas gotas hacia la boquilla para prevenir derrames.

DISPENSADOR DE TAPAS

Permite alta flexibilidad y rendimiento. Las ventosas levantan las tapas una por una de un depósito vertical. Cuando quiera cambiar de tipo o tamaño de tapa, tanto las ventosas como el depósito son fáciles de intercambiar.

PRENSA DE LA FUNDA DEL CONO

Fija la tapa del cono en posición. Cuando se ha colocado la tapa dentro de la parte superior de la funda del cono, la prensa de tapas dobla el papel hacia abajo alrededor de los bordes. Presiona el papel excedente lo suficientemente firme para trabarlo en posición, por lo que no hay riesgo de que la tapa se afloje. El cabezal de prensado para cada carril optimizado (junto con las piezas de la paleta) garantiza el tamaño de tapa exacto". Tetra Pak.

Figura 15.- Prensa de la funda del cono de la máquina llenadora de Tetra Pak.

11.- Fabricación de polos y similares

Dentro del mundo de los helados, los polos son muy populares entre los niños. Existe una gran variedad de polos con envases y formas muy atractivas. No sólo tenemos polos de agua como ingrediente principal, sino también polos de crema o leche, de chocolate, etc.

Como todos sabemos, el polo se caracteriza por su típico palillo, aunque en la actualidad se fabrican polos con un envase sin palillo, que se puede ir consumiendo sin que se salga el contenido, ya que dicho envase es rígido.

La fabricación de polos se puede hacer a nivel casero o a nivel industrial.

Figura 16.- Polos. Fuente: buenmercadoacasa.com

La Figura 17 corresponde a heladeras para hacer polos a nivel casero. Su funcionamiento es muy sencillo:

❖ Introducir la heladera en el congelador durante 24 horas. La temperatura debe ser de -18ºC o inferior.
❖ Preparar el jugo de frutas, que puede ser zumo con o sin azúcar, pu´re de frutas diluido con un poco de agua (para facilitar la congelación), una base de yogur, etc.
❖ Introducir el preparado enla nevera hasta que esté bien frío. En torno a unas dos horas.
❖ Saca la heladera del congelador y coloca los palos de helado que trae la propia heladera.
❖ Vierte el jugo de frutas frío y pasados 7 a 9 minutos se podrán extraer los polos que ya estarán congelados.

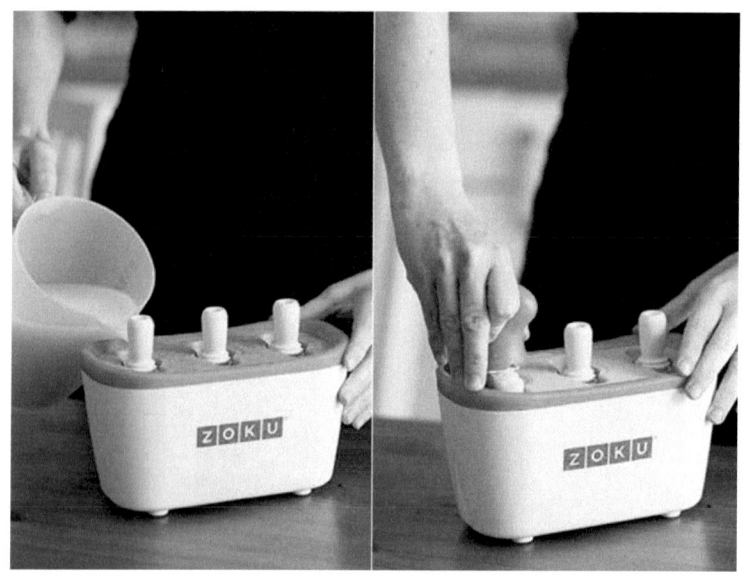

Figura 17.- Heladera para elaborar polos a nivel casero. Fuente: ZOKU.María Lunarillos.

Figura 18.- Máquina para polos. Fuente: Royal Catering. Expondo.

La Figura 18 corresponde a una máquina polos cuyas principales características son:

"Elabora tus propios helados de polo con la heladera profesional de Royal Catering! Ya sea con nata, leche o zumo de frutas: da rienda suelta a tu creatividad y ofrece espectaculares polos de helado de tu propia manufactura a tus clientes.

¡Heladera profesional de la gama de máquinas para venta ambulante de Royal Catering!

Con 1100 W y un potente compresor, la heladera profesional (NX21FBa) resulta muy eficiente. Alcanza rápidamente la temperatura de funcionamiento deseada en un rango de -22 - 0 °C y la mantiene de forma fiable en el recipiente de 40 L.

Podrás preparar fácilmente hasta 40 uds. (15 min) / 3000 uds. (día) polos de helado de 80 ml. La operación es particularmente fácil: el panel de control claro con solo unos pocos botones y una pantalla garantizan un control sin complicaciones.

La máquina ha sido fabricada en acero inoxidable duradero. Esto hace que sea resistente a la corrosión y biológicamente inerte, por lo que resulta ideal para hostelería.

El contacto con los alimentos es inocuo para la salud porque el material no reacciona.

Además, la superficie lisa se limpia de forma rápida y sencilla. ¿Cambias de lugar con frecuencia para vender helados? No hay problema.

Puedes desplazar la innovadora máquina de helados sin esfuerzo gracias a sus ruedas de marcha suave. Dos frenos mantienen la heladera estacionada de forma segura". Royal catering. Expondo.

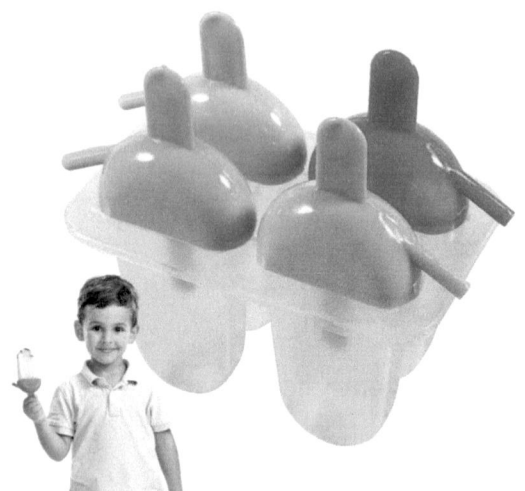

Figura 19.- Moldes para polos. Fuente: Amazon.

12.- Ejercicios prácticos. Las soluciones al final del libro.

1.- ¿Para qué se homogeneiza la mezcla?

2.- Indicar las características de una heladería artesanal

3.- La pasteurización de la mezcla se realiza a:

   a) 73 a 78ºC.
   b) 50 a 55ºC.
   c) 136ºC.

4.- ¿en qué consiste la maduración?

5.- La maduración de la mezcla se realiza a una temperatura de:

   a) 12 a 14ºC.
   b) 2 a 5ºC.
   c) 6,5ºC

5.- ¿Qué es el overrun?

Capítulo 6 FORMULACIÓN DE HELADOS

1.- Fórmulas

La tabla 1 nos da la composición media de diferentes tipos de helados, incluyendo también su overrun (porcentaje de aire incorporado).

La cantidad de sólidos no grasos debe estar equilibrada con la cantidad de grasa, si queremos conseguir helados de calidad. Si se aumenta el contenido en grasa se debe reducir el de sólidos no grasos, ya que de otro modo la lactosa precipitaría en el helado final, dándole una textura arenosa.

El heladero debe establecer fórmulas que le proporcionen:

- Helados de la máxima calidad al mínimo precio.
- Helados que cumplan con la legislación vigente en cuanto a contenidos y porcentajes de los diversos ingredientes (grasa, sólidos, azúcares, etc.).
- Helados de calidad uniforme en el tiempo y que se ajusten a la demanda de sus consumidores.
- Helados que se ajusten a la disponibilidad de ingredientes.
- Helados libres de microorganismos patógenos. Etc.

2.- Tablas con fórmulas de helados y su preparación

Como se suele decir "cada maestrillo tiene su librillo". En la formulación de helados ocurre igual. Cada heladero desarrolla sus propias fórmulas y sistemas de preparación. Pero al final, las materias primas son las mismas y los ingredientes básicos son los de siempre: productos lácteos, azúcares, frutas, zumos de frutas, chocolates, estabilizadores de la mezcla, etc. En el capítulo 2 ya dimos muchas fórmulas de helados. Ahora vamos a seguir dando algunas más.

Tabla 1.- Composición nutritiva de diferentes tipos de helados (en tanto por ciento).

Helado Sólidos/grasas		Grasa	SNG.	Est.	Azúcares	Overrun
Helado mantecado	0,67	15	10	0,3	15	110
Helado de crema	1,0	10	11	0,4	14	100
Helado de leche	3,0	4	12	0,6	13	85
Sorbete	2,0	2	4	0,4	22	50
Granizado		0	-	0,2	22	0-10

SNG: Sólidos no grasos. Est.: estabilizantes.

Tabla 2.- Correspondencia entre el contenido en grasa y sólidos no grasos en helados de crema y leche.

Grasa (%)	Sólidos no grasos (%)
10	11,5-12
12	11-11,5
14	10-10,5
16	9,5-10

Nota: aunque aquí vamos a poner algunas fórmulas para la elaboración de helados, las posibilidades son infinitas y dependen de la imaginación del heladero.

Tabla 3.- Fórmula y preparación de un helado de chocolate. Fuente: Gelats Galiana.

El helado de chocolate es seguramente el helado más consumido en todo el mundo, junto con el helado de vainilla, fresa y frutas.

El sabor del helado de chocolate va a depender de la calidad y de la cantidad de los derivados del cacao que utilicemos en su elaboración.

Deberemos buscar un equilibrio de sabor que creamos que gusta a más gente.... o si tenemos la posibilidad de tener varios helados de chocolate en vitrina... ofrecer varios tipos con diferentes concentraciones de sabor. Más fuerte... más suave... incluso con gusto a frutos secos... chocolate-avellana.. chocolate-pistacho...
También con tropezones de chocolate... o de frutos secos...
Otra posibilidad que ofrece el chocolate es añadir licores... le da un toque: Chocolate al Cointreau. Chocolate al Ron. Chocolate al Brandy... Con siropes o marbreados... de Amarena...De Naranja...Con Cereales... Con bizcocho bañado...

Las posibilidades son tan grandes que no acabaríamos.....

Hay tres formas básicas de realizar un Helado de Chocolate....

1.- Cacao (solo). 2.- Cacao + Cobertura (mezcla de ambos). 3.-Cobertura (sola).

También se puede añadir Manteca de Cacao...

Aquí hay diversidad de opiniones.... y gustos...
Hay quien dice que es mejor el helado de chocolate hecho con cobertura sola. Hay quien dice que es mejor el helado de chocolate hecho con cacao solo.Opino que es mejor mezclar ambos...Lo que nos va a dar sabor es el cacaos seco...que lo tendremos en el apartado de otros sólidos...

Ingrediente: leche entera del 3,5% MG (66%), leche en polvo del 1% de MG (3%), Sacarosa (8%), Cremodan SE-30 (0,50 %), azúcar invertido 70 (7%), Cacao 22-24 (2,5%), cobertura clavileño (9%), nata 35% MG (4%).

MG: Materia grasa. Cremodan: emulsionante en polvo.

Tabla 4.- Fórmula y preparación de un helado crema americana. Fuente: Cookpad Inc.

Este helado entra dentro de la categoría de los helados de cremas que son aquellos que llevan leche, huevos, crema de leche y cuando es necesario fécula o gelatina. La ausencia de agua hace que no se cristalicen, resulten cremosos y suaves, por eso se llama Helados de crema. La crema americana tradicional no lleva huevo.

Ingredientes: 1 taza de leche fría. 2 cucharadas de maicena o fécula de maíz. 3 tazas de leche caliente. 16 cucharadas de azúcar. 50 gramos de manteca. 8 claras. Esencia de vainilla al gusto.

Paso 1: Colocar en un cazo la leche fría junto a la maicena, revolviendo continuamente ir incorporando la leche caliente.

Paso 2: Agregar el azúcar en forma de lluvia y la manteca; colocar sobre el fuego sin dejar de revolver con una cuchara de madera hasta que rompa el hervor.

Paso 3: Retirar del fuego, aromatizar con la esencia de vainilla y dejar enfriar.

Paso 4: verter en recipiente congelar y llevar al freezer; mientras tanto batir las claras a punto nieve; retirar el helado del freezer cuando esté bien frío, aplastar con un tenedor y agregar con movimientos envolventes las claras y llevar nuevamente al congelador hasta el momento de servir (mover cada 20 minutos para lograr el punto de crema y no se cristalice).

Paso 5: Servir en cucuruchos o en vasos de cristal y a disfrutar.

Nota: toda esta receta se puede trasladar a la preparación industrial de helados.

Nota: a veces se produce cierta confusión entre *nata* y *crema*. Ambas cosas son lo mismo. Es la grasa de la leche cruda sin tratar que sube cuando dejamos reposar la leche en un recipiente.

En la leche tratada por homogeneización no se produce esta ascensión de la grasa, ya que sus glóbulos están finamente divididos y repartidos por todo el volumen de la leche.

Tabla 5.- Ingredientes y preparación de un helado de vainilla.

Ingredientes:
300 mililitros de nata.
300 mililitros de leche del 3 por ciento de grasa.
115 gramos de azúcar moreno.
3 yemas de huevo.
1 vaina de vainilla.
2-3 gramos de goma garrofín.
Preparación:
1.- Mezclar los ingredientes menos las yemas de huevo y pate del azúcar.
2.- Batir los huevos con azúcar y calentar.
3.- Unir todo y calentar durante unos 10 minutos.
4.- Continuar otros 10 minutos con agitación lenta.
5.- Enfriar con agua helada.
6.- Proceder a la mantecación en un freezer (incorporación de aire y congelación del producto.
7.- Dejar en armario de congelación durante varias horas hasta que se endurezca.

Tabla 6.- VAINILLA. Composición por cada 100 gramos. Fuente: Dietas.net

Energía [Kcal]	51,40
Proteína [g]	0,06
Hidratos carbono [g]	12,65
Fibra [g]	0,00
Grasa total [g]	0,06
AGS [g]	0,01
AGM [g]	0,01
AGP [g]	0,00
AGP /AGS	0,40
(AGP + AGM) / AGS	1,40
Colesterol [mg]	0,00

Alcohol [g]	0,00
Agua [g]	87,20
Minerales	
Calcio [mg]	11,00
Hierro [mg]	0,12
Yodo [mg]	0,00
Magnesio [mg]	12,00
Zinc [mg]	0,11
Selenio [µg]	0,00
Sodio [mg]	9,00
Potasio [mg]	148,00
Fósforo [mg]	0,00
Vitaminas	
Vit. B1 Tiamina [mg]	0,01
Vit. B2 Riboflavina [mg]	0,10
Eq. niacina [mg]	0,43
Vit. B6 Piridoxina [mg]	0,03
Ac. Fólico [µg]	0,00
Vit. B12 Cianocobalamina [µg]	0,00
Vit. C Ac. ascórbico [mg]	0,00
Retinol [µg]	0,00
Carotenoides (Eq. β carotenos) [µg]	0,00
Vit. A Eq. Retincl [µg]	0,00
Vit. D [µg]	0,00

Nota: AGS: ácidos grasos saturados. AGP: ácidos grasos poliinsaturados. AGM: ácidos grasos monoinsaturados.

En la Tabla 6 vemos la composición de la vainilla que se utiliza en la elaboración de helados. Como se puede apreciar es rica en hidratos de carbono y en algunas sales minerales como calcio y potasio.

Tabla 7.- Fórmula y preparación de un helado de dulce de leche.

Ingredientes para la preparación de un litro de helado:
• 500 ml de leche entera.   • 250 ml de nata 35% de materia grasa.   • 400 g de dulce de leche.   • 1 pizca de sal.   • 1/2 vaina de vainilla.
1.- En un cazo calentamos la leche con la nata, la pizca de sal, el dulce de leche y las semillas de vainilla hasta que la mezcla sea homogénea y el dulce de leche se haya disuelto.
2.- Pasamos la crema resultante a una jarra y enfriamos durante varias horas.   3.- Ponemos la heladora en funcionamiento y poco a poco vertemos la crema.
4.- Dejamos mantecar durante unos 20 ó 30 minutos hasta que el helado haya aumentado de volumen y esté cremoso.
5.- Pasamos a un táper, cubrimos con papel de horno, cerramos y congelamos unas horas antes de consumir para que termine de coger cuerpo.
Nota: Si no tenemos heladora simplemente una vez calentada la crema la pasamos al congelador y la removemos frecuentemente durante las primeras horas para romper los posibles cristales de hielo que se formen.
Nota: esta fórmula se puede extrapolar para la producción de helado de dulce de leche a nivel industrial.
Nota: hay que diferencia entre leche entera (con toda su grasa), leche semidesnatada (1,5% de grasa) y leche desnatada (menos del 0,1% de grasa).

En la Tabla 8 tenemos la composición aproximada del dulce de leche.

Tabla 8.- Composición media aproximada del dulce de leche. Fuente: FEPALE.

Componente (%)	Rango de porcentaje	Media
Humedad	20-30	25
Azúcar común (sacarosa)	37-48	42,5
Sólidos de leche	26-30	28
Materia grasa	2-10	6
Proteínas	6-10	8
Lactosa	6-15	12,5
Sales minerales	1-2	1,5
Ácido láctico	0,2	0,2

Nutrition Facts
Serving Size 1/2 Cup (68g)
Servings Per Container 14

Amount Per Serving

Calories 140   Calories from Fat 70

INGREDIENTS: Milk, Cream, Sugar, Corn Syrup, Carob Bean Gum, Guar Gum, Mono & Diglycerides, Carrageenan, Vanilla Extract, Vanillin, Annatto (for color).

ALLERGEN INFORMATION: Contains milk.

Figura 1.- El helado es el postre nacional de Estados Unidos. Aquí vemos un helado Premium de Vainilla con los siguientes ingredientes: Leche, nata, azúcar, jarabe de maíz, goma de garrofín, mono y diglicéridos, carragenatos, extracto de vainilla, vainillina, colorante annato.

3.- Elaboración del dulce de leche

Cada vez es más popular el dulce de leche como tal y en la preparación de helados y otros postres. Por ello vamos a ver cómo se fabrica.

Vamos a seguir las indicaciones del INTI (Instituto Nacional de Tecnología Industrial) de Buenos Aires (Argentina).

Etapa 1: Recepción de leche (para el caso de recibir leche cruda, recién ordeñada)

La leche se recibe y controla para conocer su calidad, luego se conserva refrigerada (2-8ºC) hasta el momento de procesarla.

Algunos de los controles a realizar pueden ser:

–Es aconsejable que la leche no tenga más de 24 horas posterior al ordeñe. –Control visual: Observar si presenta impurezas o color anormal.

–Control aroma: Verificar si emana olores extraños.

–Controlar la temperatura de entrega, (T< 8ºC)

–Realizar la prueba del alcohol 70°.

–Evaluar la acidez Dornic, pH.

En el caso de contar con leche adquirida en algún industria homologada, no es necesario realizar todos los controles antes descritos, pero deberá controlarse la fecha de vencimiento. Se podrá hacer también una evaluación visual y de aroma.

Etapa 2: Higienización (para el caso de recibir leche cruda, recién ordeñada)

Antes de comenzar la elaboración es necesario eliminar la suciedad que se incorpora durante el ordeñe. Con ese objetivo, se la filtra a través de filtros de malla fina.

Etapa 3: Elaboración (propiamente dicha)

Esta etapa es muy importante. En ella se evapora el agua (por calentamiento), se eliminan las bacterias patógenas presentes en la materia prima por efecto de la temperatura y ocurren todos los cambios para la obtención del dulce de leche. Para elaborar el dulce de leche tipo familiar, se deben colocar en el recipiente sólo 25 litros de leche junto con todo el bicarbonato de sodio y el azúcar. Luego se la debe calentar hasta que comience a hervir.

Cuando comienza a hervir, se deben ir agregando de a poco los 25 litros de leche restantes calentados previamente mientras continúa la cocción. Hay que tener especial cuidado en el primer hervor, procurando que la leche no rebalse de la olla o recipiente.

NO DETENER LA AGITACIÓN mientras la mezcla se encuentra en la olla o recipiente. Esto evitará problemas tales como que el dulce se queme, se corte o que se formen grumos.

Cuando se está próximo a terminar la elaboración se agrega la glucosa y la esencia de vainilla (aproximadamente a los 62° Brix, escala utilizada por el refractómetro). Se debe tener en cuenta que el agregado muy temprano de la glucosa aumenta mucho el color del dulce y alarga la elaboración. Es de fundamental importancia determinar el momento en que debe darse por terminado la evaporación (cocción). Si se pasa del punto, se reducen los rendimientos y se perjudican las características del dulce. Por lo contrario, la falta de concentración o una cocción escasa produce un dulce fluido, sin la consistencia esperada.

Normalmente es la pericia del operario la que determina el punto exacto, empleando a veces pruebas empíricas. Una de ellas consiste en dejar caer una gota de dulce en un vaso con agua para ver si llega al fondo sin disolverse.

Otra, separando entre los dedos índice y pulgar una pequeña cantidad de producto y observando cómo y cuánto se estira. Con mucha práctica, la simple evaluación del flujo vertido desde un cucharón de dulce informa sobre el punto deseado. No obstante, es necesario complementar la experiencia con la exactitud.

Estas observaciones empíricas se hacen a modo de orientación y ya en las cercanías del punto final se debería controlar el dulce con un instrumento llamado refractómetro, que se adquiere en casas especializadas del ramo. Según las diferentes fabricaciones, el mechero se apaga cuando el dulce tiene un 67-68% de sólidos, (67 - 68° Brix, escala utilizada por el refractómetro), estimando que con la evaporación producida mientras el dulce se descarga y enfría, se reducirá la humedad hasta el valor final deseado (30 %).

Etapa 4: Enfriamiento a 60°C

Inmediatamente finalizada la elaboración, el dulce de leche obtenido se enfría a 60ºC para realizar el envasado. El enfriado se puede realizar en un recipiente destinado a tal efecto. Consiste simplemente en un recipiente de acero inoxidable o material sanitario donde deberá haber agua bien fría y en cantidad.

En dicho recipiente colocaremos la olla con el dulce manteniendo siempre una buena agitación. La velocidad del enfriamiento es muy importante ya que es una manera de prevenir y retardar la aparición de un defecto en el dulce: la formación de cristales, que le otorga una textura arenosa: el "dulce arenoso".

Etapa 5: Envasado

El envasado se realiza generalmente con el dulce todavía a unos 50-55ºC para permitir un fácil flujo y deslizamiento.

Envasar a mayor temperatura tendría el inconveniente de que continuarían produciéndose vapores dentro del envase que, condensando en la tapa, podrían facilitar la aparición de hongos. Como es sabido, los envases a utilizar deberán estar en perfectas condiciones de limpieza. Se recomienda usar envases de vidrio con tapa a rosca.

Así, en la parte superior del envase queda una burbuja de aire. De esta manera se puede retardar el posible desarrollo de hongos.

Etapa 6: Tratamiento térmico (optativo)

Después de ser elaborado y envasado, y para evitar riesgos de contaminación, al dulce se le puede realizar un tratamiento térmico. De esta manera se prolonga la vida útil del producto y se facilita el almacenaje.

Generalmente este tipo de tratamiento vale más para una producción del tipo semiindustrial en la que la producción cuenta con un apoyo tecnológico importante ya que el rango de temperaturas a utilizar se encuentra entre los 110 -121ºC.

Los envases deberán presentar resistencia térmica y no podrán utilizarse aquellos de cartón o plástico.

Para una producción del tipo artesanal la vida útil del producto se podría incrementar mediante el agregado de un conservante, el sorbato de potasio. Este conservante es de uso difundido, se lo puede encontrar en cualquier casa del ramo y se lo debería considerar en el caso de querer comercializar el dulce de leche. Una forma de aplicarlo puede ser:

Una vez el dulce está en el envase, rociarlo superficialmente con el sorbato al igual que la tapa o también se le puede agregar al producto durante el enfriamiento.

Figura 2.- Dulce de leche artesanal obtenido por concentración y acción del calor a presión normal de la leche fresca de vaca recién ordeñada, y adicionado de azúcar, jarabe de glucosa y bicarbonato de sodio. El producto resultante tiene una consistencia pastosa fácilmente untable y se caracteriza por su delicioso y dulce sabor. Te sorprenderás con este producto: es suave, nada empalagoso, con brillo y un sabor muy natural, de esos en los que una cucharada pide otra más. Su característica principal es la brillantez y ligereza.

Elaborado con leche fresca entera de vaca (80%), azúcar y jarabe de glucosa (18%), bicarbonato sódico, sorbato potásico, almidón de maíz (<1 %). Proteínas: 6,4 g/100g. Sin glúten. Sin GMO (ingredientes susceptibles de modificación genética). Bote de 370gr.

La cantidad a utilizar dependerá de los distintos proveedores, así que antes de su utilización se debe tomar contacto con los mismos para asesorarse acerca de la manera y las cantidades a utilizar.

Tanto los fabricantes como el producto deberían presentar la habilitación correspondiente. De todas maneras es importante saber que el producto en sí, debido a sus características, es poco susceptible al ataque de micro-organismos. Por lo que si se quiere un producto para consumo familiar, con una vida útil media, bastará con producir y envasar de forma higiénicamente correcta. No hará falta el agregado de conservante alguno.

Etapa 7: Almacenaje

Si el dulce fue elaborado y envasado en condiciones adecuadas pero no tiene conservantes ni tuvo tratamiento térmico posterior es aconsejable almacenarlo a temperatura de refrige-ración. Por otro lado, si el dulce fue elaborado y envasado en condiciones adecuadas y, además, se utilizaron conservantes o se realiza el tratamiento térmico, el mismo se puede mantener a temperatura ambiente en lugares frescos y secos. Para fabricar 25 kilogramos de dulce de leche por día se necesitará:

- 50 litros de leche.
- 10 kilos de azúcar.
- 25 gramos de bicarbonato de sodio.
- 4 kilos de glucosa.
- 30 centímetros cúbicos (o ml) de aromatizante de vainilla.

Veamos las materias primas utilizadas en su elaboración.

1.- Leche

Para la elaboración del dulce la principal materia prima, como es sabido, es la leche. Principalmente se utiliza la leche de vaca aunque también se podría usar leche cabra u oveja.

Por otro lado, la misma puede ser cruda o pasterizada. También puede usarse leche en polvo. Se puede utilizar leche entera o parcialmente descremada, según el contenido de grasa del dulce deseado.

Tanto la leche en polvo como la fluida tienen ventajas e inconvenientes, de modo que se puede aconsejar su uso alternativo o combinado conforme a las circunstancias y a las instalaciones. Se trata de todas formas de leches APTAS para el consumo humano.

2.- Azúcar

Se refiere al azúcar de caña, azúcar común que podemos encontrar en nuestra cocina. Además de su importancia como componente del sabor típico del dulce de leche tiene un papel clave en la determinación del color final, consistencia y cristalización (defecto que puede aparecer en el dulce de leche).

3.- Bicarbonato de sodio

Se lo puede adquirir en cualquier local de productos alimenticios. Se lo utiliza como neutralizante.

¿Porque se lo utiliza? Durante el proceso de elaboración el agua de la leche se va evaporando y el ácido láctico (componente propio de la leche) se va concentrando. Así, la acidez de la leche se va incrementando de una manera tal que se podría producir una sinéresis (el dulce se corta).

El uso de leche con acidez elevada produciría un dulce de leche de textura arenosa, áspera. Asimismo una acidez excesiva impide que el producto terminado adquiera su color característico, ya que las reacciones de coloración son retardadas por la elevada acidez. Por todo ello será necesario reducir la acidez inicial de la leche neutralizándola con este aditivo.

4.- Jarabe de Glucosa

El jarabe de glucosa es un derivado vegetal, fácilmente digerible y su uso, aunque optativo, es sugerido. Tiene la apariencia de una miel solo que no presenta ese color amarillento característico.

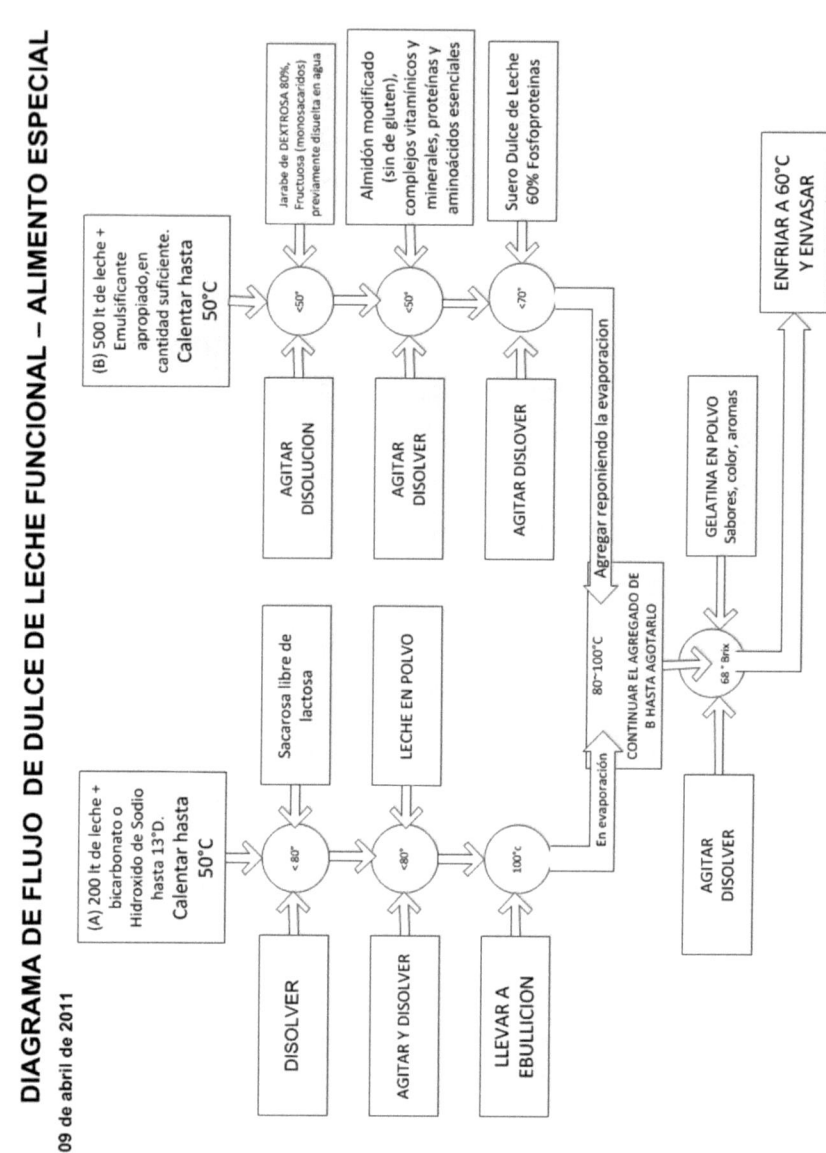

DIAGRAMA DE FLUJO DE DULCE DE LECHE FUNCIONAL – ALIMENTO ESPECIAL

09 de abril de 2011

Figura 3.- Elaboración del dulce de leche. Fuente: Manuel Acebal. Paraná, Entre Ríos. Argentina.

Su poder edulcorante es inferior al de la sacarosa (azúcar común) y su utilización obedece a varias razones: es económico, agrega brillo al producto y ayuda en parte a evitar la cristalización de la lactosa, defecto que puede ocurrir en el dulce de leche.

5.- Aromatizante de vainilla

La cantidad a utilizar dependerá del consumidor y de la calidad del aromatizante. La cantidad se ajusta después de algunos ensayos organolépticos (sabor, aroma, etc.). Fin de la cita del INTI.

4.- Tablas para la elaboración de granizados y otros preparados

Tabla 9.- Preparación de un granizado de limón.

Ingredientes: El granizado de limón solo se suele consumir en verano como una bebida muy refrescante. Si se hace con zumo natural de limón tiene también propiedades nutritivas e inmunológicas. Básicamente el granizado de limón se hace con zumo de limón, azúcar y agua. Por ejemplo, podemos hacer un buen granizado de limón con: 1 litro de agua. Parte puede ser en forma de hielo. 500 gramos de azúcar. 500 mililitros de zumo de limón.
Preparación: 1.- Se vierten los ingredientes arriba citados y se mezclan bien. Gracias a la presencia de hielo se consigue una temperatura cercana a 2/6ºC. Se debe dejar derretir todo el hielo. 2.- Se proceder a agitar la mezcla. 3.- Se pasa al congelador. 5.- Periódicamente se saca del congelador para agitar y dividir los cristales de hielo formados. 6.- Se conserva en el congelador hasta su uso. 7.- Antes de servir se vuelve a agitar hasta conseguir cristales muy finos de hielo. Cuanto más fino más agradable al paladar resultará el granizado de limón.   ***Nota:*** esta forma de proceder se puede extrapolar al nivel industrial. En la zona de Murcia y Alicante hacen unos granizados de limón muy conseguidos. Hay que tener en cuenta que estas provincias son grandes productoras de limones.

Tabla 10.- Receta y preparación de helado de tutti frutti. Fuente: Soy Manitas.

Ingredientes: 8 yemas de huevo, 200 g de azúcar, 2 dl de leche evaporada, 2 vainas de vainilla, 3 dl de nata, 180 g de almendras en láminas, 300 g de chocolate sin leche, 100 g de fruta confitada, 100 g de albaricoques secos, 100 g de piña confitada, 100 g de queso "ricotta"

La salsa: 2 dl de oporto, 50 g de azúcar, 50 g de mantequilla.

Preparación:
1. Batir las yemas con el azúcar hasta que la mezcla esté clara y espumosa. Abrir las vainas de vainilla y retirar las semillas con las puntas de un cuchillo, mezclarlas con la leche y calentar hasta que hierva. Retirar y dejar en infusión hasta que se enfríe. Mezclar las yemas con la leche, volver a calentar sin dejar de remover hasta que espese. Dejar enfriar, batiendo de vez en cuando.
2. Montar la nata, mezclarla con las yemas y la leche y dividir la preparación en tres partes. Mezclar una con las almendras. Forrar un molde con plástico de cocina, rellenar con la mezcla de almendras y meter al congelador. Derretir el chocolate y mezclarlo con otra parte del preparado. Reservarlo en la nevera. Cuando la primera parte esté congelada, cubrir con la mezcla de chocolate y volver a meter en el congelador. Agregar a la tercera parte las frutas picadas y el queso ricotta, proceder como en el paso anterior y verter sobre la mezcla de chocolate cuando esté congelada. Dejar en el congelador hasta el momento de servir.
3. Hervir el oporto de la salsa con el azúcar hasta que reduzca y espese como un almíbar. Trocear la mantequilla, y agregarla a la salsa batiendo. Servir el helado con la salsa templada.

Tabla 11.- Receta y preparación de un helado cremoso de kiwi.
Fuente: Zespri. Kiwifruit.

Ingredientes: • 6 kiwis grandes Zespri Green • 150 g de azúcar granulado (muy fino) • 3 huevos • 1¼ taza (250 ml) de nata.
Preparación: • Pelar los kiwis y desmenúcelos. • Antes, apartar un par de trozos pequeños. • Añadir la mitad del azúcar a la pulpa y dejar reposar durante 15 minutos. • Separar los huevos. • Poner las yemas y el azúcar restante en un recipiente, que se debe colocar sobre agua caliente hasta que la mezcla se vuelva espesa y espumosa. • Dejar enfriar. • Montar las claras y bata la nata. • A continuación, poner las yemas sobre las frutas y, posteriormente, las claras y la nata montada. • Introducir esta mezcla inmediatamente en el congelador. • Guardar en un recipiente hermético en el lugar más frío del congelador. ***Nota***: Esta fórmula y forma de preparación se extrapolables a la fabricación de tipo industrial.

Tabla 12.- Bebida energética de kiwi.

El kiwi tiene un alto contenido de clorofila, fibra, vitamina C y antioxidantes. Preparar una bebida energética de esta fruta es una excelente opción para bajar de peso, quemar grasa e ingerir muchos antioxidantes. Ingredientes: 1 kiwi. 5 hojas de espinaca. 3 hojas de lechuga. 1 cucharada de miel natural.
Preparación: Lavar y pelar todos los ingredientes. Cortar el kiwi en pequeños trozos. Coloca todos los ingredientes en una licuadora. Agrega la miel cuando tengas una mezcla homogénea. Si deseas una bebida menos espesa, cuélala antes de beberla.

Tabla 13.- Receta y preparación de un helado de turrón. Fuente: Los Postres de Mami.

Ingredientes: 1 tableta de turrón de Jijona. 250 gramos de leche entera. 250 gramos de nata (mejor con 35% materia grasa). 4 yemas de huevo. 2 cucharadas de miel. Una pizca de sal.
Preparación: Poner la leche, la nata, las yemas de huevo y la miel en un cazo. Deshacer bien las yemas y calentar a fuego suave sin que llegue a hervir. Añadir una pizca de sal. Cuando esté todo bien mezclado añadir el turrón y remover. Apagar el fuego. Batir la mezcla con la batidora. Dejar enfriar. Para los muy muy golosos: añadir trozos de turrón a la mezcla sin batirlos después. Poner en un tuper la mezcla y meterla en el congelador. Abrir el congelador cada 20 minutos o media hora y remover para evitar su cristalización. Estará listo cuando cueste remover el helado.

Tabla 14.- Receta y preparación de un helado de turrón de Jijona.

Ingredientes: 1 litro de leche.   8 yemas de huevo.   100 gramos de ázucar.   1 piel de limón y 1 rama de canela.   200 g de turrón de Jijona.
Preparación: Ponemos a hervir la leche con el limón y la canela.   Continuamos mezclando, a parte, el azúcar con las yemas. Le añadiremos poco a poco la leche del cazo mientras mezclamos. Cuando esté todo bien mezclado añadimos la mitad del turrón troceado.   Volvemos a hervir el conjunto, removiendo constantemente y hasta que notemos que la mezcla napa la cuchara. Es decir, que la cubre, y se queda impregnada.   Reservamos hasta que se enfríe por completo. Podemos hacerlo en la nevera.   Añadimos la mezcla a la heladera que tengamos. Y empezamos a congelar.   Cuando esté casi a punto, añadimos el resto del turrón. Dejamos que se termine de helar y guardamos en un tupper o recipiente para congelar.

Tabla 15.- Helado de vino dulce de Málaga con pasas. Sin gluten ni lactosa. Fuente: Cocina Compartida. Editorial NGV. Helados, sorbetes y otros.

Ingredientes: 200 gramos de nata sin lactosa (marca Kaiku) 150 ml. de leche sin lactosa (marca Kaiku) 50 gramos de azúcar glas o pulverizada 1 sobre de azúcar vainillado. 1 cucharada de miel. 3 yemas de huevo. 1 puñado de pasas de uva moscatel 1 chorrito de vino dulce de Málaga
Elaboración en heladera: Esta vez cambié un poco la elaboración del helado, esta vez calenté la leche e hice una crema suave. Lo primero ya sabéis que será meter el recipiente de la heladera en el congelador durante al menos 24 horas. Maceramos las pasas con el vino dulce, mejor si lo dejamos unas horas macerando. Lo siguiente será pulverizar el azúcar con ayuda de algún robot de cocina. En un bol ponemos las yemas de huevo junto con el azúcar glas. Con ayuda de varillas, eléctricas o manuales, batimos unos minutos hasta que la mezcla se vuelva pálida y un poco espumosa. En un cazo ponemos la leche con la mitad de la nata y la cucharada de miel. La miel ayuda a que el helado no cristalice. Llevamos al fuego hasta que casi hierva, mejor fuego medio. Apartamos del fuego, agregamos a la mezcla de yemas y azúcar y removemos hasta integrar todo. Ponemos la mezcla sobre un cazo con agua hirviendo, al baño María, removemos sin parar y sin dejar que hierva. (foto 5) Una vez obtengamos una crema suave apartamos y dejamos enfriar removiendo sobre un baño de hielo o agua helada. Nota: extrapolando esta receta y al forma de operar se puede proceder a la elaboración industrial de este tipo de helado.

Tabla 16.- Receta y preparación de un granizado de café. Fuente: COOKPAD Inc.

Ingredientes:

Aunque el más popular de los granizados es el de limón, el de café también es delicioso. Se suelo tomar solo como tal granizado de café o en el llamado blanco y negro, donde se le agrega una bola de helado de vainilla y se mezcla. La combinación es muy buena. Se toma mucho en la zona levantina española (Alicante, Murcia, Almería).

- 3 tazas de leche entera.
- 4 cucharadas de café instantáneo.
- 1 Tarro de leche condensado de tamaño mediano.
- 1 Tarro de nata de tamaño mediano.
- 4 cucharadas de coco deshidratado.

Preparación:

1.- Calentar la leche.

2.- Agregar el café instantáneo.

3.- Mezclar bien hasta que se disuelva el café instantáneo en polvo.

4.- Dejar enfriar la mezcla.

5.- Pasarla al congelador.

6.- Licuar la leche condensada con el café ya congelado y la nata.

7.- Servir.

8.- Opcional: rociar con el coco deshidratada.

Tabla 17.- Receta y preparación de un helado de yogur. Llao LLao.

Ingredientes:

En este caso partimos de yogur ya elaborado.

1.- Por ejemplo se puede tomar un litro de yogur que se bate con miel al gusto.

2.- También se puede partir de yogur azucarado. En este caso también se puede añadir un poco de miel ya que le da una gran suavidad y un dulzor especial. 3.- Como se hace en casi todos los helados, se le puede añadir esencia de vainilla al gusto. Realza el sabor del helado.

Preparación:

Ya prácticamente hemos indicado más arriba cómo se prepara. Se mezclan bien los ingredientes (lo último la esencia de vainilla).

Después se bate y congela, dejando en el congelador para que se endurezca. También se puede preparar a partir de yogures de sabores (fresa, limón, piña, plátano, frutas del bosque, melocotón, albaricoque, etc.

El yogur helado (o helado de yogur)se está popularizando mucho por su propiedades nutritivos, ya que aúna las del yogur y las del helado.

Es una forma de que los niños inapetentes tomen yogur que de otra forma rechazarían. Existen actualmente cadenas que se dedican exclusivamente a franquicias de helados de yogur.

Tabla 18.- Receta y preparación de helado de praliné: Fuente: Itematika.

Ingredientes:
1 litro de leche 250 gramos de azúcar 1/2 cucharada de Maicena 5 yemas 1 cucharadita de esencia de vainilla 100 gramos de praliné 300 centímetros cúbicos de crema de leche
Preparación:
Una vez que cuentes con estos ingredientes podremos comenzar con la preparación del helado de praliné siguiendo las siguientes instrucciones:

1.- Hervir la leche con el azúcar.

2.- Aparte, batir en un bol enlozado las yemas con la maicena,

3.- Agregar la leche hervida revolviendo continuamente.

4.- Llevar a fuego suave y mezclar hasta que espese, cuidando que no llegue a hervir.

5.- Retirar, perfumar con esencia de vainilla y dejar enfriar.

6.- Agregar el praliné machacado y la crema de leche batida espesa.

7.- Colocar en la heladora o cubeteras y llevar al congelador hasta que tome el punto deseado.

Nota: esta receta se puede extrapolar para fabricar helado de praliné a nivel industrial.

Nota: el *praliné* es una mezcla de almendras tostadas con azúcar caramelizado. Fue preparada por primera vez en Francia, en el siglo XVIII, cuando por accidente un cocinero vertió azúcar caramelizada sobre almendras tostadas. Una vez enfriada, la partió en trocitos y luego procedió al molido de dichos trocitos. Resultó una crema dulce que fue rápidamente apreciada en Francia y Bélgica, para después extenderse por todo el mundo.

También se pueden utilizar otros frutos secos en la preparación del praliné. Por ejemplo avellanas y nueces.

El bombón de praliné consiste en una crema de praliné como la que acabamos de ver, envuelta en chocolate.

Normalmente se utiliza la misma cantidad de frutos secos que de azúcar. El problema principal para conseguir una buena crema o helado de praliné es conseguir que el molido sea lo más fino posible, cosa que a veces no es fácil de conseguir.

Tabla 19.- Receta y preparación de helado de caramelo.

Ingredientes: En primer lugar debemos indicar que lo más importante para elaborar un buen helado de caramelo, es conseguir una buena caramelización del azúcar. El buen caramelo líquido se caracteriza por su color rubio intenso, su agradable sabor dulce y su exquisito aroma. Como ingredientes principales tenemos:

- Un litro de leche con toda su grasa (normalmente entre 3 y 3,5 por ciento de materia grasa. Es lo que se conoce como leche entera).
- Unos 100 gramos de azúcar. Esta cantidad se puede variar hacia arriba o abajo en función del gusto del consumidor.
- Una 8 a 9 yemas de huevo de tamaño medio.
- Azúcar caramelizada preparada con unos 200 gramos de azúcar y 100 mililitros de agua.

Preparación:

1.- En esta primera etapa se procede a calentar la leche hasta punto de hervor.

2.- A continuación se procede a mezclar las yemas con el azúcar.

3.- Esa mezcla de las yemas con el azúcar se agrega lentamente a la leche caliente

4.- Ahora que tenemos los ingredientes principales (leche, yemas y azúcar) formando una mezcla, se procede a su calentamiento agitando lentamente durante todo el proceso, hasta que consigamos una crema espesa (al gusto).

5.- En ese momento se añade rápidamente el azúcar caramelizado aún caliente y agitamos para mantener la mezcla. Hay que tener en cuenta que la mezcla de ingredientes principales puede estar a una temperatura de 85 a 92 grados centígrados, mientras que el azúcar caramelizado puede estar a una temperatura de 180-190ºC. Por ello hay que agitar con rapidez.

6.- Después se procede al enfriamiento de la mezcla y a su mantecación (incorporación de aire y congelación).

Nota: el azúcar caramelizado es muy fácil de hacer. Se procede a disolver azúcar en agua. Después se calienta la disolución, agitando constantemente, hasta que se evapore la mayor parte del agua, y tengamos un color rubio típico del azúcar que ha llegado a su punto de caramelización.

Tabla 20.- Receta y preparación de un granizado de naranja.

Ingredientes: Aunque el más popular de los granizados es el de limón, el de naranja tampoco está mal. Gusta mucho a la población infantil, y puede ser una manera de que los niños tomen naranjas de forma agradable. Los ingredientes son muy pocos:

- 10 naranjas de tamaño medio.
- Azúcar al gusto. Por ejemplo 5 cucharadas soperas.
- Agua y cubitos de hielo.

Esos son los ingredientes principales pero si se quiere adornar o dar un sabor distinto al granizado de naranja, se le pueden añadir algunas gotas de licor (si es para adultos) o de algún aromatizante vegetal (anís, laurel, hierbabuena, etc.).

Preparación:

1.- En primer lugar se procede a exprimir las naranjas. El zumo se tamiza para que no quede demasiada pulpa. Esta operación puedes ser al gusto, ya que algunas personas prefieren que el granizado aún conserve cierta cantidad de pulpa.

2.- Se añade el azúcar y se mezcla con el zumo de naranja.

3.- Se añade agua y se lleva al congelador, como se hace con el granizado de limón. Si queremos acortar el proceso, en vez de agua se añade hielo de forma que el enfriamiento es rápido.

5.- Se deja en el congelador y de vez en cuando se saca y se agita para conseguir un granizado fino (con finos cristales que son más agradables al paladar que los cristales grandes).

Nota: esta receta es también válida para la preparación industrial de granizados de naranja.

Propiedades:

La naranja es un cítrico muy rico en vitaminas y sales minerales.

Por cada 100 gramos de zumo de naranja tiene 10-10,5 gramos de azúcares, 0,7 gramos de proteínas, 0,4 gramos de sales minerales, 0,2 gramos de lípidos y 88-88,3 gramos de agua.

Es rico en vitamina C (ácido ascórbico) conteniendo unos 50 mg por cada 100 gramos de zumo. En cuanto a sales minerales, el zumo de naranja es rico en potasio (200 mg por cada 100 gramos), Fósforo (17 mg por cada 100g), Calcio (11 mg por cada 100g) y Magnesio (11 mg por cada 100 gramos). Otra ventaja es que es un zumo muy bajo en calorías (solo 45 Kcal por cada 100 gramos).

Tabla 21.- Receta y preparación de un helado de cookies.

Ingredientes: Hemos puesto en el título de esta Tabla 7.20 "helado de cookies". Deberíamos llamarlo helado de galletas. En inglés americano la galleta se llama *cookie*, mientras que en el Reino Unido se la llama *biscuit.* En este caso se preparan las cookies por un lado, y luego el helado completo. Para preparar las cookies partimos de los siguientes ingredientes:

- 100 gramos de harina.
- 120 gramos de azúcar (se pueden mezclar azúcar blanco y moreno).
- 50 gramos de mantequilla.
- 50 mililitros de agua.
- Esencia de vainilla al gusto (una cucharada por ejemplo).
- Chips de chocolate

Para preparar el helado necesitamos disponer de:

- 830-850 mililitros de nata del 35 por ciento de materia grasa.
- 8 a 9 yemas de huevos medianos.
- Unos 200 gramos de azúcar. Proporción que se puede variar según el grado de dulzor que queramos darle al helado.
- 1-2 vainas de vainilla.

Preparación:

1.- Primero procedemos a la preparación de las cookies (galletas). Para ello, en un bol batimos la mantequilla con la combinación de azúcar blanco y moreno.

2.- Después se añade el resto de ingredientes arriba citados, y se procede a seguir batiendo para conseguir una mezcla homogénea.

3.- Se le da la forma de una gran galleta y se poner en el congelador para que se vaya enfriando.

4.- Se procede a la preparación del helado. Para ello se baten las yemas con 100 gramos de azúcar (la mitad del total del azúcar).

5.- En otro recipiente se pone a calentar la nata con 100 gramos de azúcar y las vainas de vainilla, removiendo la mezcla y dejando que alcance una temperatura suave (unos 40ºC).

6.- A esa mezcla caliente se añade la formada por las yemas con el azúcar, y se continúa calentando y removiendo hasta llegar a una temperatura más elevada (75 80ºC).

7.- Después dejamos enfriar. Se mete la mezcla en el freezer para incorporar aire y congelar el producto.

8.- Por último hacemos trocitos de la galleta y los introducimos en la masa del helado.

4.- Ejercicios prácticos. Las soluciones al final del libro.

1.- Enumerar algunos de los tipos de helados más consumidos en el mundo

2.- ¿Cuáles son los principales componentes de un helado de vainilla?

3.- ¿Cuáles son los ingredientes para preparar dulce de leche?

4.- Enumerar los principales compoenetes de un granizado de limón

Capítulo 7 LA ELABORACIÓN DE LA HORCHATA

1.- La horchata de chufa

En la Reglamentación Técnico-sanitaria para la elaboración de la horchata se la define como:

El producto nutritivo de aspecto lechoso, obtenido mecánicamente a partir de los tubérculos *Cyperus Sculentus* L., sanos, maduros, seleccionados y limpios, rehidratados, molturados y extraídos con agua potable, con o sin adición de azúcar, azúcares, o sus mezclas, con color, aroma y sabor típicos del tubérculo del que proceden, con un contenido mínimo de almidón, grasa y azúcares.

La horchata también se puede hacer de almendras, arroz, etc. Pero sin duda alguna la reina de todas ellas es la horchata de chufas. Así que nos vamos a centrar en este tipo de horchata, y *para su estudio vamos a transcribir textualmente la información tan completa que aparece en el sitio de Internet del Consejo Regulador de la Denominación de Origen Chufa de Valencia*.

Figura 1.- Logotipo de la DO Chufa de Valencia.

8.2.- El cultivo y recolección de la chufa

La chufa de Valencia (*Cyperus esculentus*) es una planta herbácea de entre 40 y 50 centímetros de altura. Posee un sistema radicular del que parten raicillas en cuyos extremos se forman las chufas. Éstas pueden adquirir dos formas: "llargueta" (alargada) y "armela" (redondeada).

Figura 2.- Plantación de chufas. Fuente: DO Chufa de Valencia.

Antes de comenzar con la plantación, se realizan una serie de labores preparatorias del terreno, con el fin de que éste quede esponjoso, muy suelto y bien nivelado. Así pues, la maquinaria a utilizar debe ser de poco peso para evitar problemas de compactación del suelo. Se emplean tractores que oscilan entre 25-70 CV.

La chufa se planta entre los meses de abril y mayo, fecha que viene condicionada por el cultivo anterior.

La plantación se realiza de manera mecánica, sembrándose en caballones, los cuales tienen una altura de 20 cm y una separación de 60 cm.

La profundidad de siembra oscila entre los 6-8 cm cuando el campo está en sazón.

La densidad de siembra es un aspecto del cultivo importante, pues el rendimiento y la calidad del tubérculo dependen en buena parte de ello. Aun así, existe una densidad óptima, que no debe sobrepasarse, ya que entonces el tubérculo queda pequeño y las plantas se ahílan encamándose prematuramente. Esta densidad óptima es aproximadamente 120 a 135 Kg por Ha.

Por lo que respecta a las condiciones óptimas para el cultivo de la chufa, presenta las siguientes exigencias:

Exigencias climáticas; En climas cálidos, como es el valenciano, con temperaturas medias elevadas, alta humedad relativa ambiental y un periodo de 4-5 meses libres de heladas, la planta puede completar su ciclo vegetativo sin el menor problema.

Exigencias edáficas; Si se pretende obtener una producción de calidad, el cultivo de la chufa sólo puede realizarse en suelos que posean unas características especiales.

Los suelos adecuados para el cultivo de la chufa han de ser sueltos, tanto por la calidad como por el rendimiento y recolección del tubérculo, pues la recolección ha de realizarse tamizando un espesor de suelo de 15-20 cm. de profundidad donde se encuentra el tubérculo. Además, los suelos en los que se cultive la chufa, deben tener un buen drenaje, estar nivelados, estar limpios de restos vegetales y piedras y ser ricos en materias orgánicas.

Para poder llevar a cabo la recolección, la planta debe estar completamente agostada y seca, por lo que la recolección se llevará a cabo en los meses de noviembre a enero.

Posteriormente se produce el quemado totalmente controlado de la parte aérea de la planta y tras ella, se efectúa una limpieza de las cenizas y restos.

Figura 3.- Saco con chufas secas de la DO Chufa de Valencia.

En la fase de recolección, se utiliza como instrumento la cosechadora que consta de una barra de corte de la anchura de dos o tres caballones.

Va cortando la tierra que es desmenuzada por una fresadora de varillas y la deposita en un bombo cribador que separa la tierra de la chufa, estas salen por su parte trasera, acompañadas de restos de la planta, piedrecitas, etc. Estas son transportadas mediante una cinta a la tolva del tractor.

3.- Lavado, secado, limpieza y clasificación de la chufa

Una vez finalizado el proceso de recolección, se realiza el lavado de la cosecha. En esta operación, las chufas pierden sus raíces, se limpia su piel y se eliminan aquellos tubérculos "fallados". Las chufas procedentes del campo son depositadas en una era del lavadero. La cosecha pasará por tres bombos donde se separa la tierra del resto de material y se elimina el pelo de la chufa. Una ducha las va mojando, pasando después por unas canaletas donde hay diferentes salidas de agua y aquí se separa grava y chufas.

Una vez limpias las chufas deben perder humedad mediante el secado. Durante este proceso, la humedad desciende del 50% hasta el 11%. Este proceso, cuya duración suele ser de 3 meses, se realiza en "cambras" de secado, de manera lenta y cuidadosa, con el fin de conseguir que la chufa adquiera las características que le son propias. Durante esta operación se remueven continuamente los tubérculos, para que el secado sea uniforme. Se realizan dos removidos diarios, disminuyendo la frecuencia de estos según vayan perdiendo la humedad.

Una vez secas, se procede a su limpieza y clasificación, con el fin de separar la chufa de impurezas, chufas falladas o de pequeño tamaño. Estos restos constituyen el destrío.

Posteriormente se realiza una última selección manual complementaria. Llegado este momento, las chufas se ponen en sacos, quedando listas para la elaboración de la horchata.

4.- Proceso de elaboración de la horchata

Ya en fábrica los sacos de chufas secas, el proceso de elaboración de la horchata es el siguiente:

Lavado de las chufas.

El proceso de elaboración comienza con el lavado de las chufas con objeto de eliminar los restos groseros de tierra y demás impurezas que normalmente acompañan a las chufas secas. Debe emplearse para ello agua clorada en agitación hasta que ésta sale limpia del recipiente de lavado.

Selección de las chufas.

A continuación se procede a la selección de las chufas con objeto de eliminar los tubérculos defectuosos. El procedimiento más utilizado, aunque no el único, es la flotación de los tubérculos al emplear una solución de sal. Dicha salmuera debe tener una concentración de sal entre 15 y 17º Baume.

Nota: La escala Baumé es una escala usada en la medida de las concentraciones de ciertas soluciones.

Con esta concentración, los tubérculos de menor densidad, es decir, aquellos dañados por insectos o microorganismos o que no han alcanzado un desarrollo normal, flotan y son eliminados.

Una vez eliminadas las chufas defectuosas, las seleccionadas se someten a varios lavados con agua potable, con el fin de retirar los restos de salmuera que han quedado adheridos a la superficie de éstas.

Rehidratación de las chufas.

El siguiente proceso es la rehidratación de las chufas seleccionadas y lavadas, mediante la inmersión en agua potable, durante un tiempo que se prolonga en función de las características de las chufas y del agua utilizada. De esta forma, los tubérculos absorben agua y se hinchan, disminuyendo así la rugosidad superficial y permitiendo que la desinfección sea más efectiva.

Desinfección de las chufas.

La desinfección de las chufas es una operación primordial en la elaboración de la horchata. Se realiza normalmente con una solución de agua con un mínimo de cloro activo del 1%, en agitación mecánica y durante un tiempo no inferior a 30 minutos; a continuación del tratamiento germicida será necesario realizar lavados con el fin de eliminar los restos del germicida utilizado.

4.- Desinfección de la chufas. Fuente: DO Chufa de Valencia.

Trituración en molino.

Después del tratamiento germicida se procede a la trituración de los tubérculos en un molino, generalmente de crucetas; en esta operación se adiciona agua (aproximadamente de 3 litros de agua por Kg de chufa seca) para facilitar el proceso, evitando el apelmazamiento y la retención del producto en el molino.

Maceración de la masa.

Posteriormente, se deja en maceración la masa de chufa triturada con agua. La duración de esta etapa suele ser corta, dependiendo del tiempo de remojado previo. Si éste es superior a las 8 horas, la maceración suele suprimirse, procediendo directamente a la operación siguiente.

Tamizado y prensado.

El triturado obtenido se introduce en una prensa continua o en prensas con dispositivo de tamiz forzado para separar el líquido del residuo sólido. En el primer caso, la pulpa se tamiza por una malla de acero inoxidable obteniéndose el extracto líquido.

En el segundo caso, la prensa consta de un dispositivo cilíndrico y en su interior tiene unas paletas basculantes, que suelen ser de nylon, que van barriendo la superficie interna del cilindro perforado al mismo tiempo que el residuo o pulpa queda sobre las paredes del cilindro, así mismo se dosifica agua en forma de ducha.

Formación del extracto.

Después de prensarlas, se obtiene el primer extracto y se tamiza. El residuo del tamiz y el del prensado se mezcla, añadiendo alrededor de dos litros de agua por Kg de chufa, se prensa, tamiza y forma un segundo extracto que se une al anterior, con lo que se obtiene el extracto final.

5.- Molino empleado en la trituración de las chufas.

Adición de azúcar.

Al líquido obtenido, una vez tamizado, se le adiciona entre 100-150 gr de azúcar por litro, que se disuelve con agitación y se hace pasar por un tamiz de luz de malla suficiente para eliminar cualquier impureza sólida grosera.

Enfriamiento y conservación de la horchata.

La horchata así obtenida debe enfriarse rápidamente a temperaturas del orden de 0ºC.

Una vez fría, ya está lista para su degustación. La conservación se hace en enfriadoras a temperaturas iguales o inferiores a 2ºC.

Figura 6.- Enfriamiento final de la horchata. Fuente: DO Chufa de Valencia.

5.- Propiedades de la horchata

Considerada desde la antigüedad como fuente de nutrientes y vitaminas, diversos estudios médicos avalan múltiples propiedades beneficiosas para el organismo. En este sentido, las investigaciones han concluido que la horchata posee propiedades digestivas muy saludables por su alto contenido en almidón y aminoácidos.

Por otro lado, prestigiosos especialistas de la Universidad de Valencia afirman que es rica en minerales; entre ellos, el fósforo, el magnesio, potasio, calcio y el hierro, además de grasas insaturadas y proteínas.

En cambio es un alimento bajo en sodio, por lo que es apta para los pacientes con hipertensión.

Se trata de una bebida energética y nutritiva, de origen completamente vegetal y con propiedades cardiovasculares similares al aceite de oliva, contribuyendo a disminuir el colesterol y los triglicéridos, por su alto índice de ácido oleico.

Veamos ahora sus propiedades nutricionales.

- En conjunto la horchata de chufa es una bebida energética, pero cuyo contenido en hidratos de carbono es a base no de glucosa, sino de azúcares más complejos (sacarosa y almidón).
- No tiene lactosa ni fructosa y si no se le adiciona sacarosa extra, la horchata de chufa puede ser perfectamente consumida por el paciente diabético obeso, al que su contenido en arginina ayudará debido a sus propiedades insulinógenas.
- Su composición porcentual en ácidos grasos, muy similar al de aceite de oliva, y bastante parecido al de frutos secos como la avellana, le proporciona un valor añadido indudable: es útil en la prevención de la hipercolesterolemia, hipertrigliceridemia y arteriosclerosis.
- Contiene asimismo ciertos enzimas como amilasa, lipasa, catalasa, etc., que podrían explicar sus reputadas propiedades eupépticas.
- Tiene un cierto aporte en hierro, superior a la leche de vaca, aunque inferior a la leche de soja, de la que se diferencia en su palatabilidad muy superior.

Por todo esto, la horchata de chufa *debe ser considerada con toda justicia como uno de los componentes tradicionales de la dieta mediterránea*, ya que junto con las verduras en ensalada, las legumbres variadas en los distintos arroces, el pescado, las carnes blancas, el uso del aceite de oliva y los cereales, es la bebida refrescante por excelencia, y por sus propiedades nutricionales cumple con creces con las características que como grupo tienen el resto de los alimentos considerados como constitutivos de la dieta mediterránea, y tiene las condiciones antiarterioscleróticas que todos ellos tienen, y reductoras del riesgo de ciertos cánceres.

Además es natural y sus propiedades organolépticas, textura, color, sabor, etc., le proporcionan una aceptabilidad máxima. Su uso debería aconsejarse y fomentarse mucho más de lo que habitualmente se hace y adicionalmente recuperaríamos un aspecto nutricional tradicional beneficioso, mucho más que las bebidas artificiales carbonatadas y edulcoradas o con añadido de xantinas estimulantes.

6.- Clases de horchata

Sin duda alguna la horchata natural es deliciosa pero difícil de conservar, por lo que también se puede recurrir al calor (pasterización, esterilización, UHT) para tener horchata disponible durante todo el año. Así tenemos:

Horchata Natural. La horchata de Chufa de Valencia natural se preparará con la proporción adecuada de chufa, agua y azúcar para que el producto tenga un mínimo de 12% de sólidos solubles expresados como °Brix a 20°C.

Su contenido mínimo de almidón será del 2'2% y el de grasas del 2'5%. Tendrá un pH mínimo de 6'3. Los azúcares totales expresados en sacarosa superarán el 10%.

Tanto el almidón como las grasas procederán exclusivamente de los tubérculos utilizados en la preparación del la horchata. La horchata de chufas natural puede presentarse líquida, granizada, o congelada.

Natural Pasteurizada. Es la horchata de chufa natural que ha sido sometida a un tratamiento de pasteurización por debajo de 72°C, sin adición de aditivos ni coadyuvantes tecnológicos. Su composición y características organolépticas y físico-químicas serán las mismas que las de la horchata natural.

Esterilizada. Es la horchata de chufa sometida a un proceso tecnológico que transforme o suprima total o parcialmente su contenido en almidón y procesada después de su envasado mediante un tratamiento térmico que asegure la destrucción de los microorganismos y la inactividad de sus formas de resistencia. El producto tendrá un mínimo de 12% de sólidos solubles expresados como ºBrix a 20ºC.

Nota: El Brix (símbolo °Bx) es una unidad de cantidad que mide los sólidos o materia seca total disuelta en un líquido determinado.

Su contenido mínimo de grasas será del 2% y estas grasas procederán exclusivamente de los tubérculos utilizados. El pH mínimo será de 6'3 y los azúcares totales expresados en sacarosa superarán el 10%.

UHT. Es la horchata de chufa sometida a un proceso tecnológico que suprima o transforme, total o parcialmente, su contenido en almidón y procesada mediante un tratamiento térmico UHT que asegure después de un envasado aséptico la destrucción de los microorganismos y la inactividad de sus formas de resistencia. El producto tendrá un contenido mínimo del 12% de sólidos solubles expresados en ºBrix a 20ºC.

Su contenido mínimo de grasas será del 2%. El pH mínimo será de 6'3 y los azúcares totales expresados en sacarosa superarán el 10% en el caso de utilizar azúcar o azúcares.

7.- Ejercicios prácticos. Las soluciones al final del libro.

1.- La horchata se obtiene a partir de:
   a) Chufas.
   b) Maíz.
   c) Altramuces.

2.- ¿Qué son los grados Baumé?

3.- ¿Cómo se realiza la desinfección de las chufas?

4.- En el molido de la chufa se adiciona:
   a) 15 litros de agua por kilo de chufa.
   b) 3 litros de agua por kilo de chufa.
   c) 0,5 litros de agua por kilo de chufa.

5.- Al líquido obtenido a partir de la chufa se le suelen añadir:
   a) 100 a 150 gramos de azúcar por litro.
   b) 10 a 15 gramos de azúcar por litro.
   c) 28 gramos de azúcar por litro.

6.- La horchata se debe conservar a temperaturas del orden de:
   a) 10 a 12ºC.
   b) 6 a 8ºC.
   c) 0 a 2ºC.

7.- Enumerar las clases de chufa.

8.- ¿Qué son los grados Brix?

Capítulo 8 ELABORACIÓN DEL YOGUR Y DEL HELADO DE YOGUR

1.- El yogur

El helado de yogur es mitad yogur y mitad helado. Por ello, vamos a ver primero qué es el yogur y como se elabora. Después veremos cómo a partir del yogur hacemos el correspondiente helado.

En Bulgaria y en ciertas regiones asiáticas se popularizó un alimento obtenido por la fermentación natural con cultivos lácticos de leches concentradas de cabra y ovejas. Ese alimento que todos conocemos como yogur, se consume actualmente a nivel mundial. Suelen ser empresas lácteas de nivel industrial que utilizan como materia prima leche de vaca concentrada, o bien leche de vaca natural a la que se le adiciona leche en polvo para aumentar su extracto sólido.

El yogur es un producto obtenido mediante la evaporación y fermentación de la leche mediante bacterias lácticas conocidas como *Lactobacillus y Streptococcus.*

2.- Elaboración del yogur

El proceso de producción de yogur a nivel industrial se realiza en varias etapas:

1.- La leche concentrada, o bien la leche natural enriquecida con leche en polvo (hasta aumentar su extracto seco en un 2-2,5 por ciento), se pasteriza a 90-92ºC durante 1 a 5 minutos.

2.- Antes o después de la pasterización, se realiza un proceso de desaireación, si es preciso, para eliminar oxígeno ocluido y olores extraños.

3.- Se procede a una homogeneización de la leche para dividir finamente los glóbulos de masa, evitando así que asciendan a la superficie. Además con este proceso el producto final tiene una mejor apariencia.

4.- Se procede a la inoculación de la leche con un cultivo de fermentos lácticos, en una proporción del 1,5 al 3 por ciento del total de leche. Los cultivos utilizados son el *Lactobacilus bulgaricus* y el *Estretococus Termophilus.* El proceso se desarrolla a una temperatura de 45ºC durante 3 a 4 horas.

5.- Si lo que queremos es producir yogur firme. El proceso fermentatativo se realiza en el envaso. Si queremos producir yogur batido, el proceso fermentativo se realiza en depósitos, donde después de terminada la fermentación se procede a la agitación de la masa de yogur, que queda batido y listo para su envasado.

6.- Si se pretende fabricar un yogur dulce y aromatizado, bastaría con añadir antes de la fermentación (caso del yogur firme) o después de la fermentación (caso del yogur batido), edulcorantes y aromas.

7.- Para que no continúe la fermentación, se procede al enfriamiento a unos 4 a 6ºC. Este proceso se realiza cuando el yogur ya está en el envase (caso del yogur firme), o antes del envasado (caso del yogur batido).

8.- Se envían los yogures a cámaras frigoríficas a esa misma temperatura (4 a 6ºC), donde se debe dejar reposar durante unas 24 horas.

9.- El producto está listo para su distribución y venta, manteniendo la cadena de frío.

El bacteriólogo ruso Metchnikov, confirmó a principios del siglo XX, las excelentes cualidades dietéticas y terapéuticas del yogur. Con menos base científica hay gente que atribuye al yogur propiedades casi milagrosas, tales como mantener la figura esbelta, prolongar la vida, reducir el riesgo de enfermedades, etc. De todas maneras, quizás haya algo de verdad en todo ello.

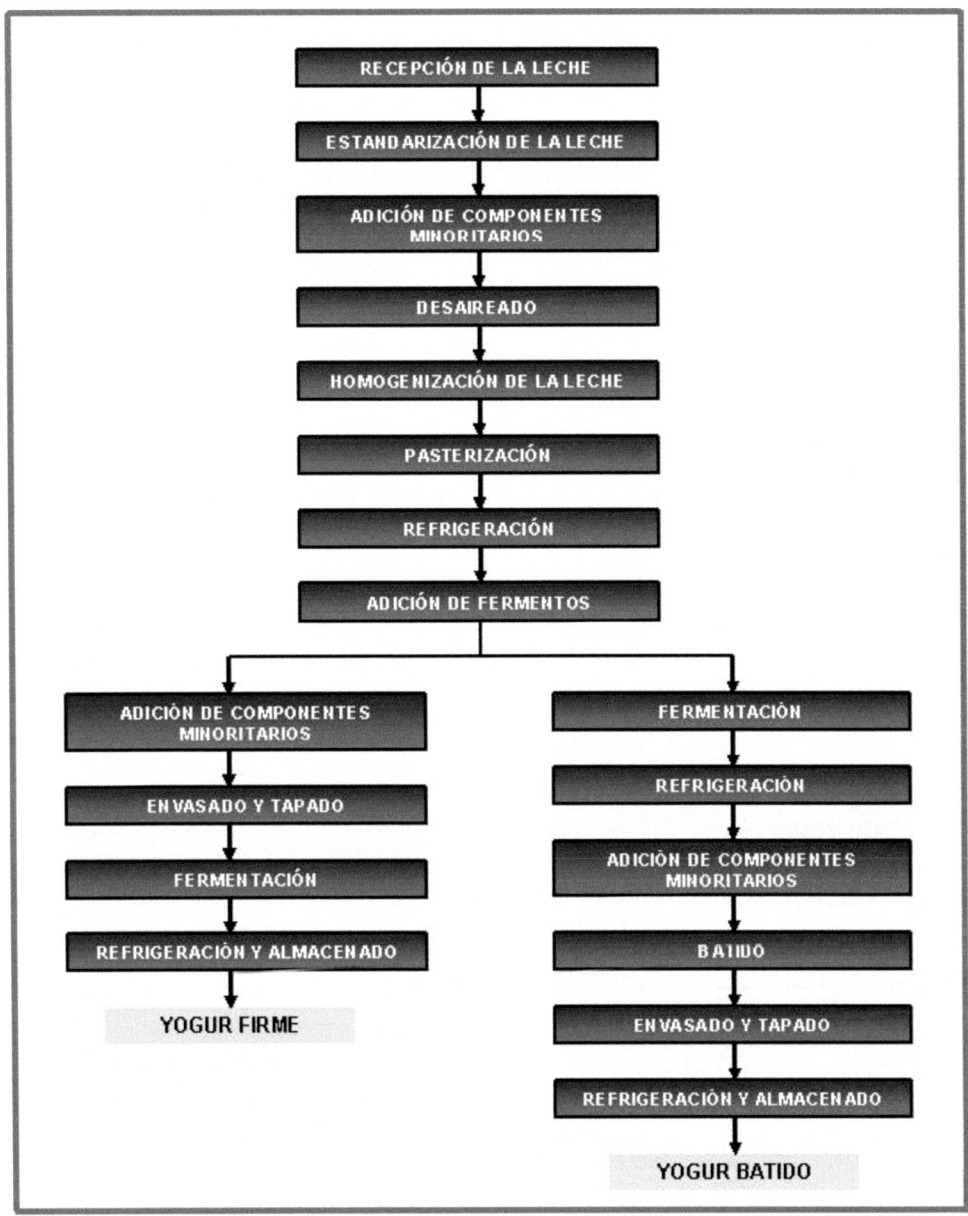

Figura 1.- Diagrama de flujo del proceso de elaboración de yogur, en sus modalidades de firme y batido. Fuente: Laura García y vEerónica Olmo. Universitat Politècnica de Catalunya.

3.- Composición del yogur

En la Tabla 1 vemos la composición del yogur en diversas versiones:

1.- *Yogur entero*, llamado así porque conserva toda la materia grasa procedente de la leche (3,9 por ciento). También es rico en proteínas (3,5 por ciento).

2.- Yogur semidesnatado, que algo menos de la mitad de materia grasa que el anterior, es decir un 1,7 por ciento. Su contenido en proteínas es del 3,4 por ciento.

3.- Yogur desnatado o descremado, que tiene menos del 0,9 por ciento de grasa.

4.- En la Tabla 1 vemos también la composición aproximada de un yogur de frutas. Como las frutas son pobres en proteínas y grasa vemos que contiene 2,8 por ciento de proteínas y 3,3 por ciento de grasa. Sin embargo su contenido en azúcares es del 12,6 por ciento, mucho mayor que en el resto de las variedades de yogur.

5.- Cuando se fabrica yogur azucarado, lógicamente aumenta mucho el porcentaje de azúcares (sobre el 12 por ciento), como en el caso del yogur de frutas.

4.- Helado de yogur

Ya hemos visto en líneas generales como se fabrica el yogur (Figura 1) y también cómo se fabrican los helados.

Como ya hemos dicho, el helado de yogur es mitad yogur y mitad helado, y puede ser elaborado tanto en una industria láctea como en una industria heladera, o en cooperación de ambas. Por ejemplo, la industria láctea puede suministrar el yogur a granel a la heladería, que se encargará de realizar el resto de las operaciones hasta obtener el yogur helado.

El yogur puede ser servido de dos formas principales.

1. Yogur en forma congelada, a temperaturas del orden de unos -8/-18ºC.
2. Yogur en forma refrigerada, a temperaturas del orden de 2 a 6ºC.

Tabla 1.- Composición de diferentes tipos de yogur fabricados a partir de leche de vaca. Fuente: MONOGRAFÍAS.

VARIACIÓN DE LOS COMPONENTES SEGÚN EL TIPO DE YOGURT				
YOGUR DE LECHE VACUNA ENTERA				
	Entero %	Semi descremado %	Descremado %	Con frutas %
Agua	87	89	8	81
Proteínas	3,5	3,4	3,3	2,8
Lípidos	3,9	1,7	0,9	3,3
Glúcidos	3,6	3,8	4	12,6
Ácidos orgánicos	1,15	1,2	1,2	1,2
Cenizas	0,7	0,72	0,75	0,7
Fibras	0	0	0	0
Contenido energético	63 Kcal	43 Kcal	36 Kcal	88 Kcal

En el caso del yogur congelado, una vez hecha la fermentación, se procede a su envasado en recipientes de diverso volumen. Se enfría a 2/6ºC, y después se congela. Este producto congelado se puede conservar durante meses, de forma que para producir helados de yogur hay que descongelar, y pasar al *freezer* el producto para incorporar aire y volver a congelar, para sí obtener el helado de yogur. Por supuesto que al enfriar y antes de pasar al freezer se pueden añadir azúcares, aromas, colorantes, etc.

Cuando se suministra el yogur en su forma refrigerada, se debe emplear en las siguientes 24-48 horas, para elaborar el yogur helado.

5.- Composición del helado de yogur

En la Tabla 2 vemos la composición media de un yogur distribuido por MERCADONA. Se dan los valores correspondientes a 100 gramos de producto final, y los valores medios por unidad de consumo (80 gramos por envase de yogur).

Como se aprecia en dicha tabla, el helado de yogur es rico en proteínas, hidratos de carbono y materia grasa.

Tabla 2.- Composición media de un yogur helado. Fuente: Mercadona.

YOGUR HELADO HACENDADO	Valores medios por 100 gr.	Valores medios por unidad de consumo (80 gr.)
Contenido energético	177 Kcal. (746 KJ)	142 Kcal. (597 KJ)
Proteínas	3,6 gr.	2,9 gr.
Hidratos de Carbono	26,4 gr.	21,1 gr.
Azúcares simples	23,2 gr.	18,6 gr.
Polialcoholes	0,0 gr.	0,0 gr.
Grasas	6,4 gr.	5,1 gr.
Saturadas	4,4 gr.	3,5 gr.
Monoinsaturadas	1,6 gr.	1,3 gr.
Poliinsaturadas	0,2 gr.	0,1 gr.
Colesterol	18,6 mg.	14,9 mg.
Fibra	0,6 gr.	0,5 gr.
Sodio	0,06 gr.	0,05 gr.

Este yogur de la Tabla 2 (Yogur Hacendado) tiene los siguientes ingredientes:

- Yogur natural (40%, leche pasteurizada de vaca y fermentos lácticos típicos de la elaboración de yogur).
- Leche desnatada reconstituida.
- Azúcar.

- Dextrosa.
- Jarabe de glucosa y fructosa. La fructosa es un azúcar presente en vegetales y miel.
- Mantequilla.
- Leche desnatada en polvo.
- Emulgente (mono-diglicéridos de ácidos grasos).
- Estabilizantes (gomas de garrofín y guar, alginato sódico, carragenanos).
- Aroma de yogur.

6.- Elaboración del helado de yogur

Ya hemos dicho que el helado de yogur se puede elaborar tanto en industrias lácteas como heladerías industriales o artesanales. De hecho, también lo podemos elaborar en casa.

1.- En primer lugar se procede a la mezcla de los diferentes ingredientes donde el yogur es uno más, aunque el más importante. El resto de ingredientes pueden ser azúcares, leche en polvo, estabilizantes, etc.

2.- Se procede a homogeneizar bien la mezcla. Se puede hacer en un depósito con agitador lento. Si se hace a una temperatura relativamente alta (70ºC), se consigue un mejor resultado.

3.- Se pasteriza la mezcla a unos 90ºC durante 3 a 5 minutos.

4.- Después de la pasterización se procede al enfriamiento de la mezcla hasta 4/ºC.

5.- Se añaden el resto de componentes (aromas, colorantes, trozos de futas, etc.).

6.- Se pasa al *freezer* para incorporar aire y congelar.

7.- Se envasa el helado en conos, tarrinas, etc.

8.- Se envían los helados envasados a un túnel de endureci-miento.

Figura 2.- Publicidad de un helado de yogur.

9.- Se almacenan y distribuyen manteniendo la cadena de frío.

Se preconiza incorporar el aire durante la congelación en atmósfera inerte de nitrógeno para evitar oxidaciones, ya que el yogur helado es propenso a ellas. Los productos fermentados son más sensibles al oxígeno. El nitrógeno no afecta para nada al producto ya que es un gas inerte.

El yogur batido debe abandonar el freezer a una temperatura de -6ºC, inferior a la que se recomienda para los helados tradicionales (-4/-5ºC).

En esas condiciones el yogur congelado puede conservarse durante 2 a 4 meses sin problemas. Una alternativa a la pasterización alta que hemos visto (90ºC durante 3 a 5 minutos), es la esterilización a 130-140ºC durante unos 4 a 6 segundos. De esta forma se consigue una mayor duración del producto. Como ya indicamos con anterioridad son varias las cadenas que se han especializado en la venta de yogur helado. Entre ellas tenemos: Llallao. Yogurtlandia. Ó!mygood Frozen Yogurt. Yogurice. Yogufruta frozen yogurt. PRÖVA-LO. Paradice yogur helado. Smöoy. Etc.

Tabla 3.- Receta y preparación de un helado de yogur.

Ingredientes: .
En este caso suponemos que ya hemos hecho la cantidad de yogur que necesitamos siguiendo las indicaciones que ya hemos dado en este capítulo.
Son muchísimas las variantes posibles, por ello vamos a dar unas cantidades aproximadas. Hay que tener en cuenta, que según los gustos de cada uno, se puede hacer un yogur helado más o menos azucarado, con mayor o menor cantidad de yogur, con sabores distintos (natural, fresa, limón, vainilla, etc.).   • 1000 gramos de yogur natural.   • 70-90 gramos de azúcar.   • 70 gramos de miel.   • Extracto de vainilla al gusto (suele bastar con una o dos cucharaditas). También se puede hacer con otros gustos (limón, fresa, etc.).   • Leche en polvo (30 gramos) o bien un espesante (pectina o sorbitol, a dosis de nos 3 a 5 gramos).
Preparación:
1.- En un bol se mezcla el yogur con el azúcar y removemos.   2.- Después se añaden la miel y la vainilla, y seguimos

removiendo.

3.- Enfriamos a 4-5ºC. Si la mezcla está muy espesa se pueden añadir unos cubitos de hielo.

4.- Se pasa la mezcla fría al freezer (mantecador) y se incorpora aire mientras se produce la congelación.

4.- Se puede envasar en tarrinas, conos, en pequeños boles para su venta con exposición al público, a granel, etc.

Nota: este modo de proceder se puede aplicar a la producción industrial de helados de yogur.

Como ya indicamos anteriormente, el helado de yogur está de moda. Es lógico, ya que es un producto que reúne las cualidades de dos alimentos: yogur y helado.

7.- Ejercicios prácticos. Las soluciones al final del libro.

1.- Definir qué es el yogur.

2.- La fermentación se desarrolla a una temperatura de;

a) 45ºc.

b) 18,5ºC.

c) 55ºC.

3.- ¿Qué es el yogur entero?

4.- El yogur desnatado tiene:

a) 1,5% de grasa.

b) Menos del 0,9% de grasa.

c) 2,5% de grasa.

5.- En el helado de yogur, la mezcla se pasteuriza a:

a) 55ºC.

b) 65ºC.

c) 90ºC.

Capítulo 9 ANÁLISIS QUÍMICO DE LOS HELADOS

1.- Propósito del análisis químico

En la mayoría de los casos, el pequeño heladero artesano no tiene la posibilidad de disponer de un pequeño laboratorio para realizar análisis químicos, para comprobar la calidad de las materias primas recibidas y de los helados producidos. Por ello, debe comprar materias primas de proveedores reputados, y elaborar los helados de forma higiénica. Por otra parte, cuando quiera hacer algún análisis químico puede recurrir a un laboratorio autorizado.

De todas maneras, un pequeño laboratorio químico es suficiente para realizar los análisis que vamos a exponer a continuación. Por ello, las heladerías de ciertas dimensiones, incluidas muchas artesanales y todas las industriales, pueden permitirse de disponer de un laboratorio.

Las materias primas y los productos intermedios y finales, requieren de dos tipos de análisis:

- Análisis microbiológico nos sirve para detectar la presencia dc microorganismos patógenos.
- Análisis químico para la determinación de la composición nutricional de los productos. Así podemos determinar el contenido en azúcares, grasas, proteínas, humedad, sales minerales, etc.

Los análisis químicos que vamos a ver en este capítulo son los siguientes:

- Análisis del contenido graso.
- Análisis del contenido en proteínas.
- Análisis del contenido en sales minerales.
- Análisis del contenido en sacarosa.

- Análisis del extracto seco total.

2.- Toma de muestras

Se debe obtener una muestra lo más representativa posible. Por ejemplo, de un recipiente que contenga helado a granel, de una tarrina de venta directa al público, etc.).

Vamos a dar algunas indicaciones importantes respecto a la toma de muestras:

1.- Todos los materiales utilizados para la toma de muestras deberán estar secos y limpios.

2.- Los recipientes para las muestras de productos líquidos deberán ser de un material apropiado, impermeable al agua y a las grasas. Por ejemplo: vidrio, metal inoxidable, plástico especialmente acondicionado. Deben permitir su esterilización si fuera necesario. Se podrán cerrar herméticamente, bien por un tapón de caucho o de plástico, bien mediante una cápsula de metal o material plástico que cierre a rosca, provista interiormente de un revestimiento plástico, impermeable a los líquidos, insoluble, no absorbente, inatacable por las grasas y que no altere la composición del producto lácteo. Podrán utilizarse también bolsas de plástico adecuadas.

3.- Los recipientes para la toma de muestras de productos sólidos o semisólidos deben ser cilíndricos y de boca ancha. También podrán utilizarse bolsas de plástico adecuadas.

4.- En el caso de tratarse de pequeños envases (cono, tarrinas, polos) para la venta al público, servirá como muestra el contenido de dichos recipientes, intactos y cerrados. Nota: se consideran envases pequeños aquellos cuya capacidad sea inferior a 2 litros.

5.- Conservación de las muestras. A las muestras de productos lácteos líquidos (el helado acaba por derretirse), destinadas a análisis químicos, podrán añadírseles una sustancia conservadora adecuada. Dichos conservantes no afectarán subsiguiente. La naturaleza y cantidad utilizada de las sustancias conservadoras se indicarán en la etiqueta y en los informes. Preferentemente se utilizará dicromato potásico, en la proporción de un gramo por litro, o formaldehído en la proporción de un gramo por cada dos litros.

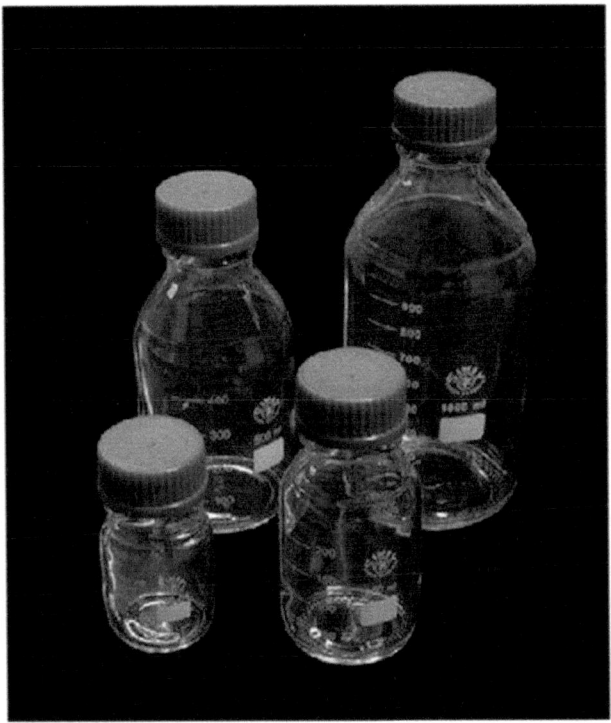

Figura1.- Recipientes de vidrio de diversos volúmenes para toma de muestras. Fuente: J.JIMENO S.A.

6.- No se añadirán sustancias conservadoras a las muestras de productos sólidos, semisólidos o desecados.

Dichas muestras se enfriarán rápidamente y se conservarán en cámaras frigoríficas a una temperatura entre 0 y 5ºC hasta su análisis correspondiente.

7.- Transporte. Una vez tomadas las muestras se llevarán al laboratorio lo antes posible. Durante el transporte se adoptarán las debidas precauciones para evitar que estén expuestas directamente al sol, y en el caso de productos perecederos, para no ser sometidos a temperaturas inferiores a 0ºC o superiores a 10ºC.

8.- Materiales. Agitadores o émbolos para la mezcla de líquidos a granel. Cuchara de tamaño adecuado para recoger la muestra. Recipientes (ver el punto 3 y 4 de este epígrafe).

3.- Análisis de la grasa

Se entiende por contenido en grasa de los helados, el porcentaje en masa de las sustancias determinadas por el procedimiento expuesto a continuación.

El contenido en grasa se determina gravimétricamente, por extracción de la citad materia grasa de una solución alcohólico-amoniacal de la muestra que se trate, mediante éter dietílico y éter de petróleo, evaporación de los disolventes y pesado del residuo, según el principio del método de Röse-Gottlieb.

Material necesario.

- Balanza analítica.
- Probeta o matraces de extracción, adecuados, provistos de tapones de vidrio esmerilado, de tapones de corcho u otros dispositivos de cierre, inatacables por los disolventes utilizados.
- Matraces de paredes delgadas y bases planas, de una capacidad de 150 a 250 mililitros.

- Estufa de desecación, bien ventilada y controlada termostáticamente, ajustada para que funcione a una temperatura de 102±2ºC, o una estufa de desecación por vacío.
- Materiales para facilitar la ebullición, exentos de materia grasa, no porosos ni deleznables al ser utilizados. Por ejemplo: perlas de vidrio o trozos de carburo de silicio.

Reactivos. Todos los reactivos deberán ser de calidad pura para análisis y no dejar en la evaporación mayor cantidad de residuos que la autorizada para el ensayo en blanco. Así que se necesitará:

- Solución de amoniaco de un 25% aproximadamente, en masa por volumen.
- Etanol del 96±2 por ciento en volumen.
- Éter dietílico, exento de peróxidos. Éter de petróleo, de puntos de ebullición entre 30 y 60ºC.
- Disolvente mixto, preparado poco tiempo antes de su utilización, mezclando volúmenes iguales de éter dietílico y éter de petróleo.

Procedimiento.

1.- Poner la muestra a una temperatura de 20ºC.- Mezclarla cuidadosa-mente hasta obtener una distribución homogénea de la grasa. No agitar enérgicamente para evitar la formación de espuma en el helado o el batido de la materia grasa.

2.- Ensayo en blanco. Al mismo tiempo que se determina el contenido en grasa de la muestra, efectuar un ensayo en blanco con 10 mililitros de agua destilada en lugar de la muestra, empleando el mismo aparato de extracción, los mismos reactivos y siguiendo el mismo procedimiento.

Si el resultado del ensayo en blanco excede de 0,5 miligramos, habrá que comprobar los reactivos, y aquel o aquellos que resulten impuros deberán sustituirse o purificarse.

3.- Determinación. Secar el matraz en la estufa durante un intervalo de media a una hora. Dejar que se enfríe el matraz hasta la temperatura ambiente de la balanza. Una vez enfriado pesarlo con una aproximación de 0,1 miligramo.

Invertir 3 ó 4 veces el recipiente que contiene la muestra preparada y pesar inmediatamente en el aparato de extracción y pesar inmediatamente en el aparato de extracción, directamente o por diferencia de 10 a 11 gramos de la muestra bien mezclada, con una aproximación de un miligramo.

Añadir 1,5 mililitros de la solución de amoníaco al 25%. Mezcla. Añadir 10 ml de etanol. Mezclar suavemente, manteniendo abierto el aparato de extracción.

Añadir 25 ml de éter dietílico, cerrar el aparato y agitar vigorosamente, invirtiéndolo varias veces, durante un minuto. Si es necesario, enfriar el aparato con agua corriente. Quitar el tapón cuidadosamente y añadir 25 ml para enjuagar el tapón y el interior del cuello del aparato. Cerrarlo, volviendo a colocar el tapón, y agitarlo e invertirlo repetidamente durante 30 segundos.

Dejar el aparato en reposo hasta que la capa líquida superior esté completamente límpida y claramente separada de la fase acuosa.

Quitar el tapón y enjuagarlo así como también el interior del cuello del aparato, con algunos mililitros de la mezcla de disolventes, y dejar que los líquidos de los enjuagues penetren en el aparato.

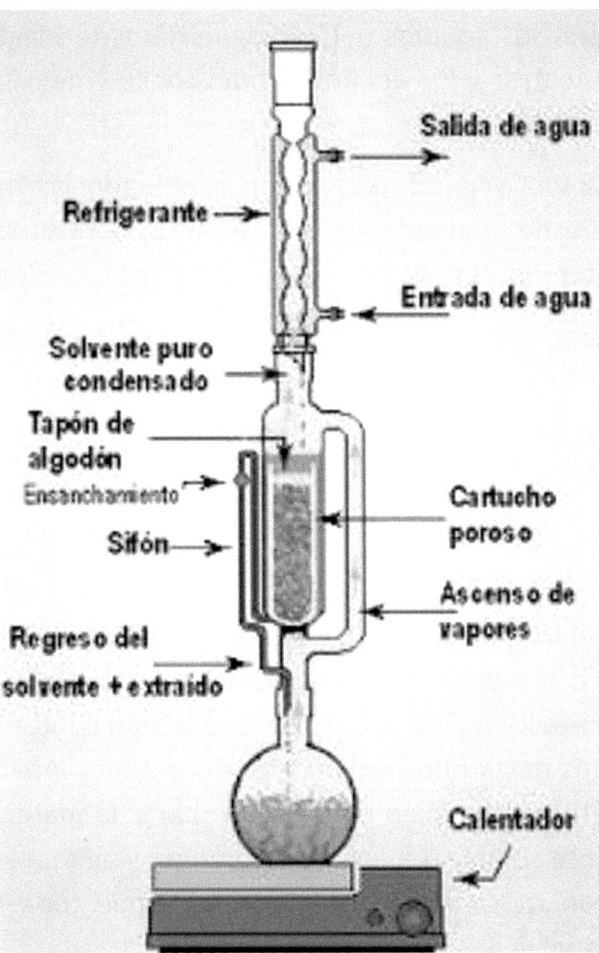

Figura 2.- Componentes del extractor de grasa Soxhlet. Fuente: Procesos Bio. Wikispaces.

Trasvasar con cuidado al matraz, lo más completamente posible, la capa superior por decantación o con la ayuda de un sifón. Si el trasvase no se efectúa mediante un sifón, tal vez sea necesario añadir un poco de agua para elevar la separación entre las dos capas, con objeto de facilitar la decantación.

Enjuagar el exterior y el interior del cuello del aparato, o el extremo y la parte inferior del sifón, con algunos mililitros de la mezcla de disolventes.

Dejar deslizar los líquidos del enjuague del exterior del aparato dentro del matraz y los del interior del cuello y del sifón, dentro del aparato de extracción.

Proceder a una segunda extracción repitiendo las operaciones descritas, desde la adición de éter dietílico, pero utilizando solo 15 ml de éter dietílico y 15 ml de éter de petróleo.

Efectuar una tercera extracción procediendo como se indicó anteriormente, pero omitiendo el enjuague final. Eliminar con cuidado por evaporación o destilación la mayor cantidad posible de disolvente (incluido el etanol).

Cuando ya no subsista olor a disolvente, calentar el matraz, tumbado, durante una hora en la estufa.

Dejar que el matraz se enfríe hasta la temperatura ambiente de la balanza como ya se indicó y pesar con una aproximación de 0,1 miligramo. Repetir la operación calentando a intervalos de 30 y 60 minutos hasta obtener una masa constante. Añadir de 15 a 25 ml de éter de petróleo para comprobar si la materia extraída es totalmente soluble. Calentar ligeramente y agitar el disolvente mediante un movimiento rotatorio hasta que toda la materia grasa se disuelva.

Si la materia extraída es totalmente soluble en éter de petróleo, la masa de materia grasa será la diferencia entre las pesadas efectuadas. En caso contrario o de duda, extraer completamente la materia grasa contenida en el matraz, mediante lavados repetidos con éter de petróleo caliente, dejando que se deposite la materia no disuelta antes de cada decantación.

Enjuagar tres veces el exterior del cuello del matraz. Calentar el matraz, tumbado, durante una hora en la estufa y dejar que se enfríe hasta la temperatura ambiente de la balanza, como se indicó anteriormente, y pesar con una aproximación de 0,1 miligramo. La masa de la materia grasa será la diferencia entre la masa obtenida y la obtenida en esta pesada final.

4.- Cálculo. La masa expresada en gramos de la materia grasa extraída es:

(M1 – M2) – (B1 – B2)

Y el contenido en materia grasa de la muestra expresado en porcentaje de la masa es:

$$\frac{(M1-M2)-(B1-B2)}{S} \times 100$$

M1= masa en gramos del matraz M, que contiene la materia grasa después de desecar hasta masa constante.

M2 = masa en gramos del matraz M sin materia grasa, o en el caso de presencia de materias insolubles, después de extraer completamente la materia grasa.

B1 = masa en gramos del matraz B del ensayo en blanco, después de desecar hasta masa constante.

B2 = masa en gramos del matraz B, o en el caso de presencia de materias insolubles, después de extraer completamente la materia grasa.

S = masa en gramos de la cantidad de muestra utilizada en la determinación.

La diferencia entre los resultados en dos determinaciones repetidas, no debe ser mayor de 0,03 gramos de materia grasa de 100 gramos de producto.

5.- Referencias. Norma internacional FIL-IDF.

4.- Determinación del contenido en proteínas

Se entiende el contenido en proteínas de un alimento, como el contenido en nitrógeno expresado en porcentaje en peso y multiplicado por el factor de conversión, que se determina por el método expuesto a continuación (FIL-20. Federación Internacional de Lechería).

La determinación del nitrógeno total se realiza por aplicación del método Kjeldahl. Una determinada cantidad pesada de alimento, se trata con ácido sulfúrico, en presencia de óxido de mercurio como catalizador, con objeto de transformar el nitrógeno de los compuestos orgánicos en nitrógeno amoniacal. El amoniaco se libera por adición de sosa cáustica, se destila y se recoge a una solución de ácido bórico. A continuación se valora el amoniaco.

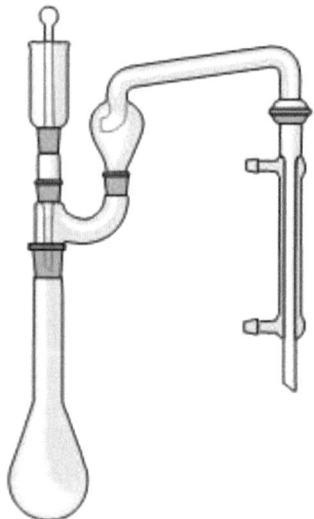

Figura 3.- Matraz Kjeldahl para la determinación del contenido en proteínas. Fuente: *vidra FOC*.

1.- Material y aparatos.

- Balanza analítica de un miligramo de sensibilidad mínima.

- Aparato de digestión que permita mantener el matraz Kjeldahl en una posición inclinada y provisto de un sistema de calentamiento que no afecte más que a la parte del matraz ocupada por el líquido.
- Matraz Kjeldahl de 500 mililitros de capacidad.
- Refrigerante Liebig de tubo interior rectilíneo.
- Un tubo de salida con bulbo de seguridad esférico, conectado a la parte inferior del refrigerante por una unión esmerilada.
- Una alargadera conectada al matraz Kjeldahl y al refrigerante Liebig por medio de goma. Uniones esmeriladas.
- Un matraz Erlenmayer de 500 mililitros de capacidad.
- Probetas graduadas de 25, 50, 100 y 150 mililitros.
- Bureta de 50 mililitros graduada a 0,1 mililitros.
- Materiales para facilitar la ebullición. En la digestión, pequeños trozos de porcelana dura o perlas de vidrio, y en la destilación, pequeños trozos de piedra pómez recién calcinados.

2.- Reactivos.

- Sulfato potásico.
- Óxido de mercurio rojo.
- Ácido sulfúrico concentrado (densidad 1,84 a 20ºC).
- Solución de sosa cáustica. 500 gramos de hidróxido sódico (NaOH) y 12 gramos de sulfuro de sodio (SNa2. 9H2O) en 1.000 mililitros de agua destilada.
- Solución de ácido bórico. 40 gramos de ácido bórico disuelto en 1.000 mililitros de agua destilada.
- Ácido clorhídrico 0,1 N.

- Indicador. Dos gramos de rojo metilo y un gramo de azul de metileno disueltos en 1.000 mililitros de alcohol etílico del 96 por ciento.
- Solución de tetraborato de sodio para la valoración del ácido clorhídrico.

Los reactivos y las soluciones utilizadas no deben contener sustancias nitrogenadas.

3.- Procedimiento.

Preparación de la muestra. Antes del análisis poner la muestra a 20±2ºC y mezclarla cuidadosamente. Si no se obtiene una dispersión homogénea de la materia grasa, calentarla lentamente a 40ºC, mezclar suavemente y enfriarla de nuevo a 20±2ºC.

Determinación. Introducir sucesivamente en el matraz Kjeldahl algunas perlas de vidrio o pequeños trozos de porcelana, alrededor de 10 gramos de sulfato potásico, 0,5 gramos de óxido de mercurio y alrededor de 5 gramos del helado exactamente pesados, co aproximación de un miligramo.

Añadir 20 mililitros de ácido sulfúrico y mezclar el contenido del matraz. Calentar cuidadosamente el matraz Kjeldahl sobre el dispositivo para la reacción hasta que no se forme espuma y el contenido se vuelva líquido. Continuar la reacción por calentamiento más intenso, hasta que el contenido del matraz esté perfectamente límpido e incoloro. Durante el calentamiento, agitar de vez en cuando el contenido del matraz. Cuando el líquido esté perfectamente límpido proseguir la ebullición durante una hora y media, evitando todo sobrecalentamiento local.

Dejar enfriar el contenido del matraz a temperatura ambiente, añadir alrededor de 150 ml de agua destilada y algunos fragmentos de piedra pómez. Mezclar cuidadosamente y dejarlo todavía enfriar un poco más. Con la ayuda de una probeta graduada, verter 50 ml de solución de ácido bórico en el matraz Erlenmeyer, añadir cuatro gotas del indicador y mezclar.

Situar el matraz Erlemnmeyer bajo el refrigerante, de manera que el extremo del tubo de salida se introduzca en la solución de ácido bórico.

Con la ayuda de una probeta graduada añadir al contenido del matraz Kjeldahl, 80 ml de la solución de sosa cáustica que contiene sulfuro. Durante esta operación, mantener el matraz inclinado, de tal manera que la sosa se deslice a lo largo de la pared del recipiente y que los líquidos no se mezclen. Conectar inmediatamente el matraz Kjeldahl al refrigerante por medio de la alargadera. Mezclar el contenido del matraz por agitación. Calentar a ebullición evitando la espuma.

Proseguir la destilación hasta el momento en que el contenido del matraz presente ebullición a saltos. Regular el calentamiento de manera que la destilación dure por lo menos 20 minutos.

Enfriar bien el destilado para evitar que se caliente la solución del ácido bórico. Poco tiempo antes de evitar la destilación, bajar el matraz Erlenmeyer para que el tubo de salida no esté introducido en la solución de ácido bórico.

Detener el calentamiento, elevar el tubo de salida y enjuagar sus paredes exteriores e interiores con un poco de agua destilada. Valorar el destilado con ácido clorhídrico = 0,1 N.

Ensayo en blanco. Efectuar un ensayo en blanco, aplicando el método operatorio descrito, pero utilizando 5 ml de agua destilada en lugar del helado.

Figura 4.- Horno eléctrico de laboratorio con regulador de temperatura. Fuente: Laborista químico.

Cálculo: Nitrógeno total. Se calcula el contenido en nitrógeno total mediante la fórmula:

Nitrógeno total en % = 1,40N (V1 – V0) / P

N = normalidad del ácido clorhídrico.

V1 = volumen en mililitros de ácido clorhídrico utilizado en la determinación.

V0 = volumen en mililitros de ácido clorhídrico utilizado en el ensayo en blanco.

P = peso en gramos de la muestra de helado empleada en el análisis.

La diferencia máxima entre dos determinaciones repetidas no debe sobrepasar el 0,005 por 100 de nitrógeno.

Proteínas. Par expresar el contenido en proteínas de la muestra de helado, es preciso multiplicar la cantidad de nitrógeno total, obtenida según el método descrito, por un factor de conversión que se fija 6,38. En consecuencia, el contenido en proteínas viene dado por la fórmula:

Proteínas % = [1,40 N ($V1 - V2$)/ P] x 6,38

Referencia. Norma internacional FIL-IDF 20.

5.- Determinación del contenido en sales minerales

1.- Principio. Se entiende el contenido en cenizas de alimento, al extracto seco resultante de la incineración, expresado en porcentaje en peso, según el procedimiento descrito a continuación.

La incineración se realiza a una temperatura determinada en una corriente lenta de aire.

2.- Material y aparatos.

- Balanza de sensibilidad de 0,1 miligramos como mínimo.
- Desecador provisto de un buen deshidratante (gel de sílice con indicador higrométrico).
- Estufa de desecación regulada a 120ºC.
- Horno eléctrico con circulación de aire, provisto de un regulador de temperatura.
- Cápsula de platino o de un material inalterable en las condiciones del ensayo, de aproximadamente 55 milímetros de diámetro y 25 milímetros de altura.
- Baño de agua a temperatura de ebullición.

3.- Procedimiento. Colocar la cápsula en la estufa de desecación a 102±2ºC durante 30 minutos. Pasarla luego al desecador, dejarla enfriar a temperatura ambiente y pesar. Pesar exactamente alrededor de 10 gramos de la muestra en la cápsula. Poner la cápsula en baño de agua hirviendo hasta secado por evaporación (7 horas aproximadamente).

Incinerar el extracto seco procedente de la desecación anterior por calentamiento durante dos o tres horas en un horno regulado entre 520ºC y 550ºC (no deben existir en este último partículas carbonosas). Poner a enfriar la cápsula en un desecador. Pesar con una aproximación de 0,5 miligramos.

4.- Cálculo.- El contenido en cenizas de la muestra en porcentaje en peso, es:

Cenizas % = (M – m) x 100 / P

M = peso de la cápsula y de las cenizas después de la incineración y enfriamiento posterior.

M = peso de la cápsula vacía.

P = peso en gramos de la muestra de alimento, empleada en la determinación de las cenizas.

5.- Observaciones. El peso de las cenizas es variable según las condiciones de incineración. La técnica descrita anteriormente proporciona los resultados más constantes. Las diferencias no pasan generalmente de un 2 por ciento por término medio, y el 95 por ciento por lo menos de los cloruros se encuentran en las cenizas.

6.- Determinación del contenido en sacarosa

Se entiende oir contenido en sacarosa de la muestra, el contenido en sacarosa no transformada, expresado en porcentaje en peso, determinado por el procedimiento expuesto en la norma FIL-35 de la Federación Internacional de Lechería.

El método se basa en el principio de inversión de Clerget: un tratamiento suave con ácido hidroliza completamente la sacarosa. La lactosa y los otros azúcares prácticamente no se hidrolizan. La cantidad de sacarosa se deduce del cambio del poder rotatorio de la solución. Esta medición se hace en un polarímetro.

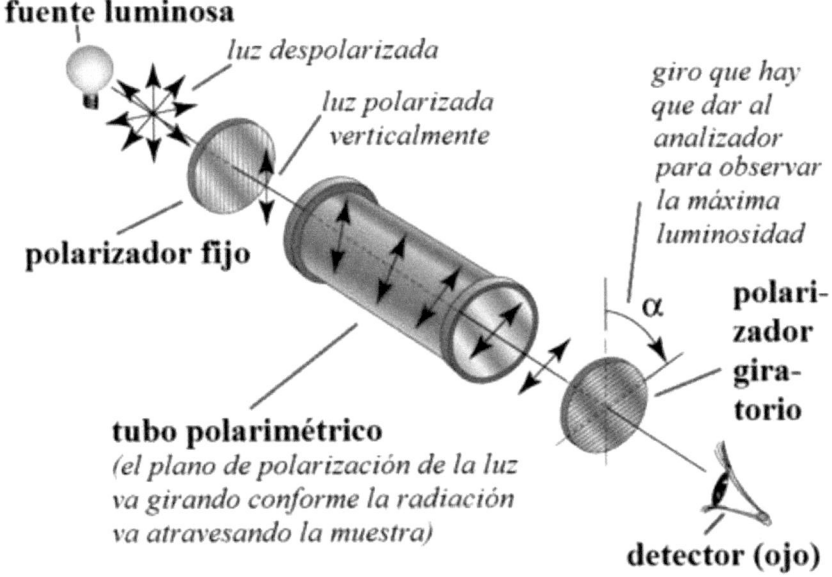

Figura 5.- Funcionamiento de un polarímetro. Fuente: Triplenlace.

Se prepara un filtrado limpio de la muestra, sin mutarrotación debida a la lactosa, por tratamiento de la solución con amoniaco, seguido de neutralización y clarificación por adiciones sucesivas de soluciones de acetato de zinc y de ferrocianuro potásico. En una parte del filtrado la sacarosa se hidroliza en las condiciones especiales que corresponden a este tipo de operación.

Partiendo de los poderes rotatorios del filtrado, antes y después de la inversión, se calcula la cantidad de sacarosa.

7.- Determinación del extracto seco

1.- Principio. Se entiende por contenido en extracto seco de la muestra, el residuo expresado en porcentaje en peso, obtenido después de efectuada la desecación por el procedimiento expuesto a continuación.

Una cantidad conocida de la muestra se deseca a temperatura constante. El peso obtenido después de desecar representa el de la materia seca.

2.- Material y aparatos.

- Balanza analítica de sensibilidad 0,1 miligramo como mínimo.
- Desecador provisto de un buen deshidratante (gel de sílice) con indicador higrométrico).
- Estufa de desecación que permita conseguir una temperatura constante de 102±2ºC.
- Cápsulas metálicas planas en metal inoxidable o de vidrio de 2 cm de altura aproximadamente, y de 6 a 8 cm de diámetro aproximadamente, con tapas adecuadas.
- Baño de agua.

3.- Procedimiento.

Preparación de la muestra. Antes del análisis poner la muestra a 20ºC±2ºC y mezclarla cuidadosamente. Si no se obtiene una buena repartición de la materia grasa, calentar lentamente a 40ºC, mezclarla suavemente y enfriarla a 20±2ºC.

Determinación. Secar la cápsula y la tapa a 102±2ºC durante 30 minutos. Colocar la cápsula tapada en un desecador, dejarla enfriar a la temperatura ambiente y pesarla.

Poner aproximadamente 3 ml de la muestra en la cápsula, tapar la cápsula y pesarla.

Poner la cápsula destapada en baño de agua durante 30 minutos. Poner la cápsula y la tapa en una estufa de desecación a 102±2ºC durante 2 horas. La tapa se debe poner a un lado de la cápsula.

Cubrir la cápsula con la tapa y ponerla en el desecador Dejarla enfriar y pesarla. Ponerla una hora más en la estufa de desecación. Dejarla enfriar y pesarla. Repetir la desecación hasta que la diferencia entre dos pesadas consecutivas no sea mayor de 0,5 miligramos.

3.-

Figura 6.- Desecador de laboratorio. En la base lleva la sustancia desecante. Fuente: Dimetilsulfuro.

4.- Cálculo.

Contenido en extracto seco = (P`/ P) x 100

P`= peso en gramos de la muestra después de la desecación.

P 0 peso en gramos de la muestra antes de la desecación.

Si a la muestra se le han adicionado como conservadores sustancias no volátiles, como por ejemplo dicromato potásico, se debe corregir el cálculo del extracto seco como sigue:

Contenido en extracto seco % = [(`P`- C`) / (P – C)] x 100

C´= cantidad de conservante no volátil en la muestra analizada.

C 0 porcentaje de conservante x (P/100).

La diferencia entre dos determinaciones consecutivas no debe ser mayor de 0,05 por ciento de extracto seco.

5.- Referencias. Norma Internacional FIL-IDF 21.

8.- Ejercicios prácticos. Las soluciones al final del libro.

1.- ¿Para qué sirve el análisis microbiológico de los helados?

2.- ¿Para qué sirve el análisis químico de los helados?

3.- La extracción de la grasa se realiza con:

   a) Agua.
   b) Solución alcohólica amoniacal.
   c) Solución de ácido clorhídrico.

4.- ¿Cómo se llama el extractor de grasa?

5.- ¿Cómo se llama el matraz que se utiliza en la determinación de las proteínas?

6.- El contenido en sacarosa se determina con:

   a) Un polarímetro.
   b) Un manómetro.
   c) Un autoclave.

Anexo 1 Real Decreto 618/1998, de 17 de abril, por el que se aprueba la Reglamentación técnico-sanitaria para la elaboración, circulación y comercio de helados y mezclas envasadas para congelar.

Nota: **esta información no tiene valor jurídico.**

TÍTULO I

Ámbito de aplicación, definiciones y clasificaciones

Artículo 1. Ámbito de aplicación.

1. La presente Reglamentación tiene por objeto definir qué se entiende por helados y por mezclas envasadas para congelar y fijar, con carácter obligatorio, las normas sanitarias de elaboración, distribución, almacenamiento y venta de los helados y mezclas envasadas para congelar. Las normas que se establecen serán aplicables, asimismo, a los productos importados de países terceros.

2. La presente Reglamentación obliga a los fabricantes de helados, heladeros artesanos, fabricantes de mezclas envasadas para congelar, transformadores de las mismas, así como a los distribuidores, almacenistas, importadores de países terceros y vendedores de estos productos.

3. Los industriales de hostelería y aquellos otros que se dediquen a la elaboración y venta de helados en sus establecimientos están obligados a cumplir esta Reglamentación.

4. Los establecimientos de elaboración de producción limitada podrán acogerse, en lo allí dispuesto, a las excepciones permanentes previstas por el anexo I.

5. Las exigencias de la presente Reglamentación no se aplicarán a los productos legal y lealmente fabricados y comercializados en los restantes Estados miembros de la Unión Europea o firmantes

del Acuerdo del Espacio Económico Europeo, sin perjuicio de las actuaciones que, en su caso, al amparo del artículo 36 del Tratado de la Unión Europea, las autoridades competentes eventualmente pudieran considerar necesarias para proteger la salud y los legítimos intereses de los consumidores, así como la lealtad de las transacciones comerciales.

Artículo 2. Definiciones.

A los efectos de esta Reglamentación, serán de aplicación las siguientes definiciones:

1. Helados de forma genérica: los helados son preparaciones alimenticias que han sido llevadas al estado sólido, semisólido o pastoso, por una congelación simultánea o posterior a la mezcla de las materias primas utilizadas y que han de mantener el grado de plasticidad y congelación suficiente, hasta el momento de su venta al consumidor. Esta definición abarca a los productos definidos en el artículo 3.1.

2. Mezclas envasadas para congelar: se entiende por mezclas envasadas para congelar, aquellos productos preparados, debidamente envasados, que en forma líquida o en polvo se destinen a la elaboración de helados, sea en máquinas automáticas elaboradoras-expendedoras, o bien en los establecimientos definidos en este artículo que se dediquen a la elaboración de helados, y cuya composición cuanti-cualitativa, una vez reconstituidos con agua potable o leche esterilizada, se ajuste a algunos de los tipos de helados definidos en el artículo 3.1.

3. Helados no pasterizados a efectos de lo establecido en el anexo II, apartado 3: se entiende por helados no pasterizados aquellos productos que han sido elaborados sin la adición de leche o productos lácteos y cuyo pH es inferior o igual a 5,5.

4. (Derogado)

5. (Derogado)

6. Establecimiento de elaboración de producción limitada: establecimiento en el que se procede a la elaboración y envasado de helados y mezclas envasadas para congelar, con una producción máxima de 400.000 litros/año. Los establecimientos que estén en funcionamiento antes de la entrada en vigor del presente Real Decreto, presentarán una solicitud dentro del plazo de seis meses, contados a partir de su entrada en vigor, para su clasificación como establecimiento de producción limitada, ante los Servicios competentes de las Comunidades Autónomas. Dicha solicitud podrá contener las especificaciones contempladas en el modelo que figura como anexo III de esta Reglamentación.

7. (Derogado)

8. Fabricantes de helados: son aquellas personas naturales o jurídicas que dediquen su actividad a la elaboración de estos productos.

9. Heladeros artesanos: son aquellas personas naturales o jurídicas que dediquen su actividad a la elaboración de helado, mediante un proceso en el que la intervención personal constituye el factor predominante, obteniéndose un resultado final individualizado, que no se acomoda a la producción industrial mecanizada o en grandes series.

El reconocimiento oficial de la condición de empresa artesana, se acreditará mediante la posesión del documento de calificación artesanal, expedido por las autoridades competentes.

10. Fabricantes de mezclas para congelar: son aquellas personas naturales o jurídicas que se dediquen a la elaboración de estos productos.

11. Transformadores de mezclas envasadas para congelar: son aquellas personas naturales o jurídicas que se dediquen a la elaboración de helados, partiendo de mezclas para congelar para su venta directa al consumidor final.

Se derogan los apartados 4, 5 y 7 por el art. 50 del Real Decreto 176/2013, de 8 de marzo. Ref. BOE-A-2013-3402.

Artículo 3. Clasificaciones.

1. Clasificación de los helados. Podrán fabricarse los siguientes tipos de helados, con las características que a continuación se describen: helado crema, helado de leche, helado de leche desnatada, helado, helado de agua, sorbete, postre de helado.

a) Helado crema. Esta denominación está reservada para un producto que, conforme a la definición general, contiene en masa como mínimo un 8 por 100 de materia grasa exclusivamente de origen lácteo y como mínimo un 2,5 por 100 de proteínas exclusivamente de origen lácteo.

b) Helado de leche. Esta denominación está reservada para un producto que, conforme a la definición general, contiene en masa como mínimo un 2,5 por 100 de materia grasa exclusivamente de origen lácteo y como mínimo un 6 por 100 de extracto seco magro lácteo.

c) Helado de leche desnatada. Esta denominación está reservada para un producto que, conforme a la definición general, contiene en masa como máximo un 0,30 por 100 de materia grasa exclusivamente de origen lácteo y como mínimo un 6 por 100 de extracto seco magro lácteo.

d) Helado. Esta denominación está reservada a un producto que, conforme a la definición general, contiene en masa como mínimo un 5 por 100 de materia grasa alimenticia y en el que las proteínas serán exclusivamente de origen lácteo.

e) Helado de agua. Esta denominación está reservada a un producto que, conforme a la definición general, contiene en masa como mínimo un 12 por 100 de extracto seco total.

f) Sorbete. Esta denominación está reservada a un producto que, conforme a la definición general, contiene en masa como mínimo un 15 por 100 de frutas y como mínimo un 20 por 100 de extracto seco total.

g) Los helados definidos en los párrafos a), b), c), d), e) y f) podrán denominarse con su nombre específico, seguido de la preposición «con» y del nombre/s de la/s fruta/s que corresponda, siempre que se les adicionen los siguientes porcentajes mínimos de fruta en masa, o su equivalente en zumos naturales o concentrados, dependiendo de los siguientes tipos de fruta:

1.º Un 15 por 100 con carácter general.

2.º Un 10 por 100 para los siguientes tipos de frutas:

Todos los agrios o cítricos, tales como limones, naranjas, mandarinas, tangerinas y pomelos; otras frutas ácidas, como las frutas o mezclas de frutas en las que el zumo tenga una acidez valorable, expresada en ácido cítrico, igual o superior al 2,5 por 100; frutas exóticas o especiales, principalmente las de sabor muy fuerte o consistencia pastosa, tales como, piña, plátano, corojo, chirimoya, guanabana, guayaba, kiwi, lichi, mango, maracuyá y fruta de la pasión.

3.º Un 7 por 100 en el caso de los frutos de cáscara.

De no alcanzarse estos porcentajes, llevarán la mención «sabor» a continuación de la indicación que indique la clase de helado.

A efectos de lo previsto en este artículo, se entiende por frutas la cantidad de frutas enteras, sus pulpas o su equivalente en zumo, extracto, productos concentrados y deshidratados, entre otros.

h) Los helados definidos en los párrafos a), b), c) y d), cuyo contenido sea como mínimo de un 4 por 100 de yema de huevo, podrán denominarse con su nombre específico seguido de la palabra «mantecado».

i) Los helados definidos en los párrafos e) y f), que se presenten en estado semisólido se denominarán «granizados». El extracto seco total de los mismos será como mínimo del 10 por 100.

j) Los helados definidos en los párrafos a), b), c) y d), pesarán como mínimo 430 gramos el litro. Los productos que posean un peso comprendido entre 430 gramos y 375 gramos, se denominarán con su nombre específico precedido de las menciones «espuma», «mousse» o «montado».

k) Postre de helado. Es toda presentación de los helados definidos en esta Reglamentación, en cualquiera de sus variedades o de sus mezclas, que posteriormente se sometan a un proceso de elaboración y decoración, con productos alimenticios aptos para el consumo humano.

2. Clasificación de las mezclas envasadas para congelar. Podrán fabricarse los siguientes tipos de mezclas envasadas para congelar, con las características que a continuación se describen:

a) Mezcla líquida para helados: esta mezcla, en estado líquido, contendrá todos los ingredientes necesarios en las cantidades adecuadas, de modo que, al congelarlo, dé un producto alimenticio final que se ajuste a una de las clasificaciones que figuran en el artículo 3.1.

b) Mezcla líquida concentrada para helados: es aquella que después de añadirle la cantidad de agua potable o leche esterilizada, dé como resultado un producto que se ajuste a una de las clasificaciones que figuran en el artículo 3.1.

c) Mezcla deshidratada para helados: es el producto seco (conteniendo una humedad no superior al 4 por 100) que, después de añadirle la cantidad de agua potable o leche esterilizada, dé un producto que se ajuste a una de las clasificaciones que figuran en el artículo 3.1.

TÍTULO II

Ingredientes y aditivos autorizados

Artículo 4. Ingredientes.

(Derogado)

Se deroga por el art. 50 del Real Decreto 176/2013, de 8 de marzo. Ref. BOE-A-2013-3402.

Artículo 5. Aditivos.

(Derogado)

Se deroga por el art. 50 del Real Decreto 176/2013, de 8 de marzo. Ref. BOE-A-2013-3402.

TÍTULO III

Requisitos relativos a la elaboración de helados y mezclas envasadas para congelar

Artículo 6. Requisitos de los establecimientos de elaboración y de las máquinas elaboradoras-expendedoras.

1. Los establecimientos de elaboración cumplirán los siguientes requisitos:

a) Las mezclas para helados serán sometidas al tratamiento térmico preciso, en condiciones tales de temperatura y tiempo, que garantice la destrucción de cualquier tipo de microorganismo patógeno y se conservarán, hasta su congelación, a temperaturas inferiores a 6 ºC.

b) No será necesario la aplicación de tratamiento térmico en las mezclas envasadas para congelar, en el helado de agua y en el sorbete, cuando el producto resultante tenga un pH igual o inferior a 4,6, excepto los granizados, cuyo pH será igual o inferior a 5,5.

c) El tiempo de conservación de la mezcla para helados, antes de su congelación, será de setenta y dos horas como máximo.

d) (Derogado)

2. Requisitos relativos a las máquinas elaboradoras expende-doras:

a) La preparación del helado se realizará en un recipiente o cilindro cerrado.

b) El depósito de la mezcla en reserva estará refrigerado a una temperatura de 5 ºC, con una oscilación de ± 1 ºC.

c) El producto terminado deberá ser sacado de la máquina a una temperatura igual o inferior a -4 ºC.

d) Al finalizar la venta del día el producto sobrante de la máquina deberá eliminarse no siendo recuperable.

e) Únicamente se podrá utilizar esta máquina para elaborar-expender helado.

f) La preparación de la mezcla se hará en lugar adecuado sanitariamente y próximo a la máquina elaboradora-expendedora, en el mismo local de su expedición. Si la mezcla líquida procede de distinto local en que está situada la máquina expendedora, deberá estar debidamente protegida, y, en ambos casos, deberá ajustarse a lo indicado en el apartado 1 de este artículo.

g) El contenido de cada envase utilizado de la mezcla envasada para congelar, ya sea líquida, líquida concentrada o deshidratada, así como el de leche esterilizada, será utilizado íntegramente una vez abierto el envase.

h) Una vez preparada la mezcla líquida, a partir de la concentrada o deshidratada, deberá colocarse inmediatamente en su totalidad en el depósito que para este fin existe en la máquina automática elaboradora-expendedora.

i) Todas las piezas en contacto con el helado serán desmontables y de fácil limpieza, incluidas las juntas de goma o de otro material apropiado.

j) (Derogado)

Se derogan los apartados 1.d) y 2.j) por el art. 50 del Real Decreto 176/2013, de 8 de marzo. Ref. BOE-A-2013-3402.

Artículo 7. Requisitos relativos a la implantación del sistema de análisis de peligros y puntos de control crítico y a las normas microbiológicas.

(Derogado)

Se deroga por el art. 50 del Real Decreto 176/2013, de 8 de marzo. Ref. BOE-A-2013-3402.

Se deroga el apartado 4 por el art. único.w) del Real Decreto 135/2010, de 12 de febrero. Ref. BOE-A-2010-3032.

Se modifica por la disposición adicional 2.e) del Real Decreto 202/2000, de 11 de febrero. Ref. BOE-A-2000-3761.

TÍTULO IV

Requisitos de los establecimientos de elaboración y máquinas elaboradoras-expendedoras

Artículo 8. Condiciones generales y especiales de los establecimientos de elaboración.

(Derogado)

Se deroga por el art. 50 del Real Decreto 176/2013, de 8 de marzo. Ref. BOE-A-2013-3402.

Artículo 9. Condiciones generales de higiene de los establecimientos de elaboración y de las máquinas elaboradoras-expendedoras.

(Derogado)

Se deroga por el art. 50 del Real Decreto 176/2013, de 8 de marzo. Ref. BOE-A-2013-3402.

TÍTULO V

Almacenamiento, conservación y transporte

Artículo 10. Almacenamiento y conservación.

(Derogado)

Se deroga por el art. 50 del Real Decreto 176/2013, de 8 de marzo. Ref. BOE-A-2013-3402.

Artículo 11. Transporte.

1. Los helados se mantendrán a una temperatura igual o inferior a −18 ºC, con una tolerancia de 4 ºC. Los granizados se mantendrán a una temperatura igual o inferior a 0 ºC.

2. (Derogado)

Se deroga el apartado 2 por el art. 50 del Real Decreto 176/2013, de 8 de marzo. Ref. BOE-A-2013-3402.

TÍTULO VI

Requisitos de los establecimientos de venta

Artículo 12. Condiciones de los establecimientos de venta.

(Derogado)

Se deroga por el art. 50 del Real Decreto 176/2013, de 8 de marzo. Ref. BOE-A-2013-3402.

TÍTULO VII

Requisitos del personal

Artículo 13. Personal.

(Derogado)

Se deroga por el art. 50 del Real Decreto 176/2013, de 8 de marzo. Ref. BOE-A-2013-3402.

TÍTULO VIII

Registro General Sanitario de Alimentos

Artículo 14. Registro General Sanitario de Alimentos.

(Derogado)

Se deroga por el art. 50 del Real Decreto 176/2013, de 8 de marzo. Ref. BOE-A-2013-3402.

TÍTULO IX

Envasado

Artículo 15. Envasado.

(Derogado)

Se deroga por el art. 50 del Real Decreto 176/2013, de 8 de marzo

TÍTULO X

Marcado de salubridad y etiquetado

Artículo 16. Condiciones relativas al marcado de salubridad.

(Derogado)

Se deroga por el art. 50 del Real Decreto 176/2013, de 8 de marzo. Ref. BOE-A-2013-3402.

Artículo 17. Condiciones relativas al etiquetado.

El etiquetado se efectuará de conformidad con lo dispuesto en el Real Decreto 212/1992, de 6 de marzo, por el que se aprueba la Norma General de Etiquetado, Presentación y Publicidad de los Productos Alimenticios y modificaciones posteriores, con las siguientes particularidades:

1. Las denominaciones del producto serán las establecidas en el artículo 3, que se completará con la mención del ingrediente característico, o en el caso de que dicho ingrediente sea un aroma, con la mención «sabor a».

Los postres de helado se denominarán con el nombre consagrado por el uso en España, o una descripción del producto alimenticio lo suficientemente precisa, para permitir al comprador conocer su naturaleza y distinguirlo de los productos con los cuales podría confundirse.

Anexo 2 NORMA DE CALIDAD DEL YOGUR

Nota: **esta información no tiene valor jurídico.**

Artículo 1. Objeto.

Esta norma de calidad tiene por objeto el establecimiento de las normas básicas de calidad para la elaboración y comercialización del yogur.

Nota: esta información no tiene valor jurídico.

Artículo 2. Definiciones.

1.«Yogur» o «yoghourt»: El producto de leche coagulada obtenido por fermentación láctica mediante la acción de *Lactobacillus delbrueckii subsp. bulgaricus* y *Streptococcus thermophilus* a partir de leche o de leche concentrada, desnatadas o no, o de nata, o de mezcla de dos o más de dichos productos, con o sin la adición de otros ingredientes lácteos indicados en el apartado 2 del artículo 5, que previamente hayan sufrido un tratamiento térmico u otro tipo de tratamiento, equivalente, al menos, a la pasterización.

El conjunto de los microorganismos productores de la fermentación láctica deben ser viables y estar presentes en la parte láctea del producto terminado en cantidad mínima de 1 por 10^7 unidades formadoras de colonias por gramo o mililitro.

2. «Yogur pasterizado después de la fermentación»: El producto obtenido a partir del yogur que, como consecuencia de la aplicación de un tratamiento térmico posterior a la fermentación equivalente a una pasterización, ha perdido la viabilidad de las bacterias lácticas específicas y cumple todos los requisitos establecidos para el yogur en esta norma, salvo las excepciones indicadas en ella.

Artículo 3. Tipos de yogur y denominaciones.

Según los productos añadidos, antes o después de la fermentación o la aplicación del tratamiento térmico después de la fermentación, en su caso, los yogures se clasifican en los siguientes tipos:

1. *Yogur natural.* Es el definido en el apartado 1 del artículo 2.

2. *Yogur natural azucarado.* Es el yogur natural al que se han añadido azúcar o azúcares comestibles.

3. *Yogur edulcorado.* Es el yogur natural al que se han añadido edulcorantes autorizados.

4*. Yogur con fruta, zumos y/u otros alimentos.* Es el yogur natural al que se han añadido frutas, zumos y/u otros alimentos.

5. *Yogur aromatizado.* Es el yogur natural al que se han añadido aromas y otros ingredientes alimentarios con propiedades aromatizantes autorizados.

6. *Yogur pasterizado después de la fermentación.* Es el definido en el apartado 2 del artículo 2.

Artículo 4. Materias primas.

1. En todos los yogures: Leche, leche concentrada, desnatadas o no, nata o mezcla de dos o más de estos productos.

2. En diferentes tipos de yogures:

a) En los yogures naturales azucarados, azúcar y/o azúcares comestibles.

b) En los yogures edulcorados, edulcorantes autorizados.

c) En los yogures con fruta, zumos y/u otros alimentos, ingredientes tales como frutas y hortalizas (frescas, congeladas, en conserva liofilizadas o en polvo), puré de frutas, pulpa de frutas, compota, mermelada, confitura, jarabes, zumos, miel, chocolate, cacao, frutos secos, coco, café, especias y otros alimentos procesados o no.

d) En los yogures aromatizados, aromas y otros ingredientes alimentarios con propiedades aromatizantes autorizados.

Artículo 5. Adiciones esenciales y facultativas.

1. Adiciones esenciales. La coagulación del yogur se obtendrá únicamente por la acción conjunta de cultivos de *Lactobacillus delbrueckii subsp. bulgaricus* y *Streptococcus thermophilus*.

2. Adiciones facultativas:

a) Leche en polvo en cantidad máxima de hasta el 5 por 100 m/m en el yogur natural definido en el artículo 3.1, y de hasta el 10 por 100 m/m en los otros tipos de yogures.

Nata en polvo, suero en polvo, proteínas de leche y/u otros productos procedentes del fraccionamiento de la leche en cantidad máxima de hasta el 5 por 100 m/m en el yogur natural definido en el artículo 3.1, y de hasta el 10 por 100 m/m en los otros tipos de yogures.

b) En los yogures con fruta, zumos y/u otros alimentos y en los yogures aromatizados, azúcar y/o azúcares comestibles y/o edulcorantes autorizados.

c) En los yogures con fruta, zumos y/u otros alimentos, aromas y otros ingredientes alimentarios con propiedades aromatizantes autorizados.

d) Gelatina, únicamente en los yogures con fruta, zumos y/u otros alimentos y en los aromatizados, con una dosis máxima de 3 g/kg de yogur.

Cuando además de la gelatina se utilicen estabilizantes, la cantidad máxima total será de 3 g/kg de producto terminado.

e) Almidones comestibles, modificados o no, distintos de aditivos alimentarios, únicamente en los yogures con fruta, zumos y/u otros alimentos y en los aromatizados con una dosis máxima de 3 g/kg de producto terminado.

Artículo 6. Factores esenciales de composición y calidad.

1. Todos los yogures deberán tener un pH igual o inferior a 4,6.

2. El contenido mínimo de materia grasa de los yogures, en su parte láctea, será de 2 por 100 m/m, salvo para los yogures «semidesnatados», en los que será inferior a 2 y superior a 0,5 por 100 m/m, y para los yogures «desnatados», en los que será igual o inferior a 0,5 por 100 m/m.

3. Todos los yogures tendrán, en su parte láctea, un contenido mínimo de extracto seco magro de 8,5 por 100 m/m.

4. Contenido en yogur:

a) Para los yogures con frutas, zumos y/u otros alimentos, la cantidad mínima de yogur en el producto terminado será del 70 por 100 m/m.

b) Para los yogures aromatizados, la cantidad mínima de yogur en el producto terminado será del 80 por 100 m/m.

Artículo 7. Etiquetado.

1. El etiquetado de los yogures se regirá por lo dispuesto en la normativa relativa al etiquetado general de los productos alimenticios. Además se ajustará a las especificaciones que se indican en los siguientes apartados.

2. La denominación de venta del yogur o yoghourt se corresponderá con alguna de las establecidas en el artículo 3 de esta norma de calidad, seguida, en su caso, de la indicación «semidesnatado» o «desnatado» en función de su contenido en materia grasa láctea, teniendo en cuenta las siguientes particularidades:

a) En el caso de los yogures con frutas, zumos y otros alimentos, la denominación será: Yogur o yoghourt con..., seguida del nombre específico de las frutas, zumos o productos incorporados o el genérico de «frutas» o «zumo de frutas».

b) En el caso de los yogures aromatizados, la denominación será: Yogur o yoghourt sabor a..., seguida del nombre de la fruta o producto al que corresponda el agente aromático utilizado.

c) En el caso de los yogures pasterizados después de la fermentación, la denominación será: Yogur o yoghourt pasterizado después de la fermentación..., seguida, en su caso, de la indicación que corresponda, azucarado o edulcorado o con..., nombre específico de las frutas, zumos o productos incorporados o el genérico de «frutas» o «zumo de frutas».

3. Los yogures que se fabriquen con leche distinta de la de vaca o, en su caso, con una mezcla de leches de diferentes especies, deberán incluir en su denominación, después de la palabra yogur o yoghourt, la indicación de la especie o especies que corresponda.

Artículo 8. Prohibiciones.

Queda prohibido el empleo de las palabras yogur o yoghourt en la denominación de cualquier producto, citándolas incluso como ingredientes, si no cumplen los requisitos de esta norma. Dichos requisitos deberán cumplirse, en tales casos, en el momento de su adquisición por el consumidor final.

Disposición adicional única. Cláusula de reconocimiento mutuo.

Los requisitos de esta reglamentación no se aplicarán a los productos legalmente fabricados o comercializados en los otros Estados miembros de la Unión Europea, ni a los productos originarios de los países de la Asociación Europea de Libre Comercio (AELC) Partes Contratantes en el Acuerdo del Espacio Económico Europeo (EEE), ni a los Estados que tengan un acuerdo de Asociación Aduanera con la Unión Europea.

Anexo 3 REGLAMENTACIÓN TÉCNICO-SANITARIA PARA LA ELABORACIÓN Y VENTA DE HORCHATAS DE CHUFA
Nota: esta información no tiene valor jurídico.

TÍTULO PRELIMINAR

Artículo 1. Ámbito de aplicación.

La presente Reglamentación tiene por objeto definir, a efectos legales, lo que se entiende por horchatas de chufa y fijar, con carácter obligatorio, las normas de elaboración y comercialización y, en general, la ordenación técnico-sanitaria de tales productos. Será de aplicación, asimismo, a los productos importados. Esta Reglamentación obliga a todos los fabricantes, horchateros artesanos y comerciantes de horchatas y, en su caso, a los importadores de estos productos.

TÍTULO PRIMERO

Definiciones y denominaciones

Art. 2.º Horchatas de chufa.

El producto nutritivo de aspecto lechoso, obtenido mecánicamente a partir de los tubérculos Cyperus Sculentus L., sanos, maduros, seleccionados y limpios, rehidratados, molturados y extraídos con agua potable, con o sin adición de azúcar, azúcares, o sus mezclas, con color, aroma y sabor típicos del tubérculo del que proceden, con un contenido mínimo de almidón, grasa y azúcares, según se especifica para cada tipo de horchata de chufa en esta Reglamentación.

Su conservación se conseguirá únicamente por tratamientos físicos autorizados, para cada clase y tipo de horchata, definidos en esta Reglamentación.

Las horchatas de chufa podrán denominarse simplemente horchata.

Art. 3.º Clases de horchata de chufa.

3.1 Horchata de chufa natural.– Es la preparada con la proporción adecuada de chufas, agua y azúcar para que el producto tenga un mínimo de 12 por 100 de sólidos solubles expresados como º Brix a 20 ºC.

Su contenido mínimo de almidón será del 1,9 por 100 y el de grasas del 2 por 100. Tendrá un pH mínimo del 6,3. Los azúcares totales expresados en sacarosa serán como mínimo del 10 por 100. Tanto el almidón como las grasas procederán exclusivamente de los tubérculos utilizados en la preparación de la horchata.

Optativamente, la horchata podrá prepararse simplemente con chufas y agua, en cuyo caso, deberá tener un mínimo del 4,5 por 100 de sólidos solubles expresados como º Brix a 20 ºC. Análogamente, su contenido de almidón será, como mínimo, del 1,9 por 100 y el de grasas del 2 por 100, y tanto los sólidos solubles como el almidón y las grasas, procederán exclusivamente de los tubérculos utilizados en la preparación de la horchata.

La horchata de chufa natural con azúcar podrá denominarse simplemente horchata, aunque también podrá recibir las siguientes denominaciones: Horchata natural, horchata de chufa natural. La horchata sin adición de azúcar se denominará horchata no azucarada.

3.2 Horchata de chufa natural pasterizada.– Es la horchata de chufa natural que ha sido sometida a un tratamiento de pasterización por debajo de 72º, sin adición de aditivos ni coadyuvantes tecnológicos.

Su composición y características organolépticas y fisicoquímicas serán las mismas que las de la horchata natural.

3.3 Horchata de chufa pasterizada.– Es la horchata de chufa sometida a un proceso tecnológico que suprima o transforme, total o parcialmente su contenido de almidón y procesada mediante un tratamiento térmico que asegure la destrucción de los gérmenes patógenos y la mayoría de la flora banal.

El producto tendrá un contenido mínimo del 12 por 100 de sólidos solubles expresados en º Brix a 20 ºC. Su contenido en grasas será del 2 por 100 y estas grasas procederán exclusivamente de los tubérculos utilizados.

El pH mínimo será de 6,3 y los azúcares totales expresados en sacarosa serán como mínimo del 10 por 100.

3.4 Horchata de chufa esterilizada.– Es la horchata de chufa sometida a un proceso tecnológico que transforme o suprima, total o parcialmente, su contenido en almidón y procesada después de su envasado mediante un tratamiento térmico que asegure la destrucción de los microorganismos y la inactividad de sus formas de resistencia, de acuerdo con lo definido en el apartado «características microbiológicas».

El producto tendrá un mínimo del 12 por 100 de sólidos solubles expresados en º Brix a 20 ºC.

Su contenido mínimo de grasas será del 2 por 100 y estas grasas procederán exclusivamente de los tubérculos utilizados. El pH mínimo será de 6,3 y los azúcares totales expresados en sacarosa serán como mínimo del 10 por 100.

3.5 Horchata UHT.– Es la horchata de chufa sometida a un proceso tecnológico que suprima o transforme, total o parcialmente, su contenido en almidón y procesada mediante un tratamiento térmico UHT que asegure, después de un envasado aséptico, la destrucción de los microorganismos y la inactividad de sus formas de resistencia, de acuerdo con lo definido en el apartado «características microbiológicas».

El producto tendrá un contenido mínimo del 12 por 100 de sólidos solubles expresados en º Brix a 20 ºC.

Su contenido mínimo en grasas será del 2 por 100. El pH mínimo será de 6,3 y los azúcares totales expresados en sacarosa serán como mínimo del 10 por 100 en el caso de utilizar azúcar o azúcares.

3.6 Horchata de chufa concentrada.– Es la preparada con las proporciones de chufas, agua y azúcar o azúcares adecuadas para obtener un producto con una concentración mínima de sólidos disueltos del 42 por 100, expresados como º Brix, y un pH mínimo de 6,0, y que por disolución con agua según el modo de empleo permite obtener un producto de características organolépticas, fisicoquímicas y microbiológicas correspondientes a la de la horchata de chufa natural.

Si la concentración de sólidos disueltos está comprendida entre 42 y 60º Brix a 20 ºC, deberá conservarse a una temperatura por debajo de 8 ºC y recibirá el nombre de horchata de chufa concentrada refrigerada. En el caso de que se someta al proceso de congelación y se conserve por debajo de −18 ºC, recibirá la denominación de horchata de chufa concentrada congelada.

3.7 Horchata de chufa condensada.

3.7.1 Horchata de chufa condensada pasterizada.– Es la preparada con las proporciones adecuadas de chufas, agua y azúcares para que el producto resultante tenga un mínimo de 60 por 100 de sólidos disueltos, expresados en º Brix a 20 ºC, un 3,5 de almidón y un 4,5 de grasa, procedentes exclusivamente de las chufas. Tendrá un pH mínimo de 6,0.

Por disolución, según el modo de empleo, tendrá como mínimo un contenido en almidón y grasas procedentes exclusivamente de las chufas del 0,7 y del 0,9, respectivamente, y un pH mínimo de 6,3. Los azúcares totales serán como mínimo el 50 por 100 expresados en sacarosa.

3.7.2 Horchata de chufa condensada congelada.– Es la horchata que por sus características de conservación no precisa de una alta concentración de azúcares. Tendrá un mínimo del 50 por 100 de sólidos disueltos expresados en º Brix a 20 ºC, un 4,5 por 100 de almidón y un 6 por 100 de grasa, procedentes exclusivamente de las chufas. Tendrá un pH mínimo de 6,0.

Por disolución, según el modo de empleo, tendrá como mínimo un contenido en almidón y grasas procedentes exclusivamente de las chufas del 1,1 por 100 y del 1,5 por 100, respectivamente, y un pH mínimo de 6,3. Los azúcares totales expresados en sacarosa serán como mínimo del 40 por 100.

3.8 Horchata de chufa en polvo.– Es la horchata de chufa sometida a un proceso tecnológico que pueda suprimir o transformar, total o parcialmente, su contenido en almidón en forma de partículas o gránulos sólidos, y obtenida mediante procesos de secado con un contenido en agua inferior al 5 por 100.

Por conveniente reconstitución en agua, según el modo de empleo, permitirá obtener un producto de características organolépticas y fisicoquímicas correspondientes, como mínimo, a las de la horchata pasterizada.

TÍTULO II

Composición, características y prácticas industriales

Art. 4.º Ingredientes.

En la preparación de las horchatas de chufa se autoriza el empleo de: Chufa. Agua potable. Azúcar, azúcares.

En todo caso, estos ingredientes cumplirán los requisitos que les exigen sus reglamentaciones específicas, si las hubiera, o en su defecto el código alimentario español.

Art. 5.º Agentes aromáticos.

Únicamente podrán utilizarse la canela y/o corteza de limón y sus esencias o extractos, de acuerdo con la vigente Reglamentación Técnico-Sanitaria de agentes aromáticos para la alimentación, aprobada por Decreto 406/1975, de 7 de marzo («Boletín Oficial del Estado» del 15), modificado por el Real Decreto 1771/1976, de 2 de julio («Boletín Oficial del Estado» del 28).

Art. 6.º Aditivos y coadyuvantes tecnológicos autorizados.

En la elaboración de los productos comprendidos en el ámbito de esta Reglamentación Técnico-Sanitaria, podrán utilizarse los aditivos y coadyuvantes tecnológicos que se relacionan en la lista positiva que se incluye a continuación.

La lista de aditivos y coadyuvantes tecnológicos, así como sus especificaciones, podrán modificarse en cualquier momento por Orden del Ministro de Sanidad y Consumo, previo informe preceptivo de la Comisión Interministerial para la Ordenación Alimentaria, en los supuestos en que posteriores conocimientos científicos o técnicos y razones de salud pública lo aconsejen y para mantener su adecuación a la normativa CEE.

Los aditivos y coadyuvantes tecnológicos que se indican a continuación, deberán responder a lo establecido en las normas vigentes de identificación, calidad y pureza.

	Número	Condiciones de empleo
6.1 Antioxidantes:		
Ácido L-ascórbico.	E-300	Dosis máxima: 300 ppm aislados o en conjunto
L-ascorbato sódico.	E-301	
Butilhidroxianisol (BHA).	E-320	Dosis máxima: 5 ppm
6.2 Emulgentes:		
Lecitinas.	E-322	
Mono y diglicéridos de los ácidos grasos.	E-471	
Esteres lácticos de los mono y diglicéridos de los ácidos grasos.	E-472 b)	Dosis máxima: 5.000 ppm aislados o en conjunto
Esteres cítricos de los mono y diglicéridos de los ácidos grasos.	E-472 c)	
Estearoil-2-lactilato sódico.	E-481	Dosis Máxima: 500 ppm
6.3 Estabilizantes espesantes y gelificantes:		
Citratos de sodio.	E-331	Dosis máxima: 2.000 ppm
Ortofosfato de sodio.	E-339	
Trifosfato pentasódico.	E-450 b) i)	Dosis máxima: 2.000 ppm aislados o en conjunto
Trifosfato pentapotásico.	E-450 b) ii)	
Carragenanos.	E-407	
Harina de semillas de guar.	E-412	Dosis máxima: 10.000

Goma Xantana.	E-415	ppm aislados o en conjunto
Caseinato sódico.	H-4512	
6.4 Coadyuvantes tecnológicos:		
Enzimas amilolíticas.		Sólo para horchatas en polvo B.P.F
Dextrinomaltosas		

6.5 Horchatas naturales.– En cualquier producto denominado natural no podrá emplearse ningún tipo de aditivo.

6.6 Horchatas concentradas, condensadas y en polvo.– Las dosis máximas de aditivos indicadas se refieren a productos preparados para el consumo. Por tanto, en los supuestos contemplados en el presente apartado se refieren al producto diluido o reconstituido, según su modo de empleo.

Art. 7.º Normas microbiológicas.

7.1 Horchata natural y horchata de chufa condensada congelada.

Recuento total de colonias aerobias mesófilas (30 ± 1º C): Max. 7×10^5 col/ml.

Enterobacteriaceae totales: Max. 1×10^2 col/ml.

Escherichia coli: Ausencia/ml.

Salmonella-Shigella: Ausencia/25 ml.

Clostridium sulfito reductores: Max. 1×10^2 col/ml.

Staphylococcus aureus enterotoxigénico: Ausencia/ml.

(Biotipos coagulasa, DNsa y fosfatasa positivos.)

7.2 Horchata pasterizada y horchata natural pasterizada.

Recuento total de colonias aerobias mesófilas (30 ± 1º C): Max. $2,5 \times 10^5$ col/ml.

Resto de microorganismos como en la horchata natural.

7.3 Horchata esterilizada y UHT.– Después de catorce días de incubación a (30 ± 1º C) o siete días a (55 ± 1º C) el número de colonias no superará las 100 por ml.

7.4 Horchata de chufa condensada pasterizada.

Recuento total de colonias aerobias mesófilas (30 ± 1º C): Max. $2,5 \times 10^5$ col/ml.

Otros gérmenes patógenos: Ausencia.

Resto de microorganismos como en la horchata natural.

7.5 Horchata de chufa concentrada y horchata de chufa en polvo.–Una vez diluida o reconstituida según el «modo de empleo», sus características microbiológicas serán las mismas que las de la horchata natural.

Art. 8.º Prácticas obligatorias.

8.1 Almacenamiento de materias primas y productos terminados en buenas condiciones de higiene que aseguren su buen estado de conservación.

8.2 Rehidratación hasta conseguir un nivel de turgencia del tubérculo que facilite el tratamiento desinfectante.

8.3 Selección de las chufas para eliminar los tubérculos defectuosos por cualquier procedimiento que resulte eficaz. Se recomienda el procedimiento de flotación en salmuera (15 y 17º medidos con pesasales).

8.4 Tratamiento germicida.–Los tubérculos deben levarse en una solución desinfectante de agua de cloro activo al 1 por 100 con agitación mecánica durante treinta minutos, como mínimo, o con otro tipo de producto autorizado para uso alimentario que consiga un nivel de desinfección similar. A continuación, se dará un lavado eficaz para eliminar los residuos germicidas.

Esta práctica será optativa para la horchata esterilizada y UHT y obligatoria para el resto de las horchatas de chufa.

8.5 Después de cada proceso de elaboración se procederá a la limpieza y desinfección de los locales, instalaciones, maquinaria y utensilios utilizados.

8.6 Todas las operaciones en el proceso de fabricación de la horchata se realizarán obligatoriamente en la misma industria elaboradora (excepto el envasado y tratamiento térmico que pueden ser realizados en otra industria autorizada).

8.7 Se mantendrán en todo momento las temperaturas especificadas en el artículo 11.

Art. 9.º Prácticas permitidas.

Se permite la utilización de aditivos autorizados en las listas positivas, para uso en los productos aquí definidos, con la excepción de los productos denominados naturales.

Homogeneización.– Definida como «Tratamiento físico destinado a fraccionar las partículas de grasa, o de otros componentes contenidos en el producto, para conseguir una distribución uniforme de los mismos en el seno de éste».

Art. 10. Prácticas prohibidas.

10.1 El uso o tenencia en fábrica de aditivos no autorizados para los productos que elabore.

10.2 Utilizar para la elaboración de la horchata materias primas que estén adulteradas, así como las consideradas extrañas a su composición.

10.3 Utilizar agua que no sea potable para: lavado de la chufa, elaboración de la horchata y limpieza de la maquinaria y envases utilizados.

10.4 Cualquier manipulación que tienda a sustituir total o parcialmente los sólidos disueltos, las grasas o los almidones propios de las chufas por otros distintos.

10.5 La incorporación de aromas salvo esencias o extractos de corteza de limón y/o canela.

10.6 El relleno de los envases utilizados, sin una limpieza previa.

10.7 Se prohíbe la mezcla de horchata de chufa con cualquier otra clase de horchatas.

10.8 La venta de horchatas adulteradas, alteradas o contaminadas.

Art. 11. Temperaturas máximas de conservación, distribución y comercialización.

	Conservación en la industria	Distribución y transporte	Comercialización
Horchata de chufa natural	2 ºC	6 ºC	2 ºC
Horchatas de chufa natural pasterizada y pasterizada	5 ºC	6 ºC	5 ºC
Horchata esterilizada, UHT	Ambiente	Ambiente	Ambiente

Horchata de chufa concentrada refrigerada 42-60º Brix	8 ºC	8 ºC	8 ºC
Horchata de chufa concentrada 60º Brix pasteurizada	Ambiente	Ambiente	Ambiente
Horchata de chufa concentrada o condensada congelada	− 18 ºC	− 18 ºC	18 ºC
Horchata de chufa condensada pasterizada	Ambiente	Ambiente	Ambiente

En el caso de una horchata reconstituida, se ajustará a las temperaturas correspondientes a la horchata natural.

TÍTULO III

Art. 12. Registro sanitario.

Los industriales o elaboradores de horchatas deberán registrarse en los Servicios correspondientes del Registro General Sanitario de Alimentos, de acuerdo con lo dispuesto en el Real Decreto 2825/1981, de 27 de noviembre («Boletín Oficial del Estado» de 2 de diciembre), sin perjuicio de los demás registros exigidos por la legislación vigente.

TÍTULO IV

Condiciones de los establecimientos de elaboración y venta de horchatas de chufa, del material y del personal con ellas relacionado

Art. 13. Requisitos industriales.

Los fabricantes o elaboradores de horchatas cumplirán obligatoriamente las siguientes exigencias:

13.1 Todos los locales destinados a la elaboración, envasado y en general a cualquier manipulación de materias primas, productos intermedios o finales estarán debidamente acondicionados para su cometido específico.

13.2 Les serán de aplicación los reglamentos vigentes de recipientes a presión, electrotécnicos para alta y baja tensión y, en general, cualesquiera otros de carácter industrial y de higiene laboral que conforme a su naturaleza o a su fin corresponda.

13.3 Los recipientes, máquinas, tuberías y utensilios destinados a estar en contacto con los productos elaborados, con sus materias primas o con los productos intermedios, serán de materiales que no alteren las características de su contenido ni las de ellos mismos.

13.4 Igualmente deberán ser inalterables frente a los productos utilizados para su limpieza.

13.5 El agua utilizada en la elaboración de las horchatas será potable desde los puntos de vista físico, químico y microbiológica.

13.6 Cuando se realice la operación de envasado, se dispondrá de los dispositivos necesarios para la limpieza de los envases y garantía de su perfecta higiene.

13.7 Las industrias comprendidas en el ámbito de aplicación de la presente Reglamentación, se someterán a las desinfecciones, desratizaciones y desinsectaciones necesarias, las cuales serán realizadas por el personal idóneo, con los procedimientos y productos aprobados por el organismo competente y sin que en ningún caso se puedan utilizar sobre los alimentos o sobre las superficies con las que aquéllos entren en contacto; se utilizarán según las prescripciones del fabricante, evitando que transmitan a los mismos propiedades nocivas o características anormales.

Art. 14. Requisitos higiénico-sanitarios.

De modo genérico, las industrias o establecimientos de elaboración de horchatas habrán de reunir las condiciones mínimas siguientes:

14.1 Los locales de elaboración o almacenamiento y sus anexos, en todo caso, deberán ser adecuados para el uso a que se destinan, con accesos fáciles y amplios, situados a conveniente distancia de cualquier causa de suciedad, contaminación o insalubridad y separados rigurosamente de viviendas o locales donde pernocte o haga sus comidas cualquier clase de personal.

14.2 En su construcción o separación se emplearán materiales idóneos y en ningún caso, susceptibles de originar intoxicaciones o contaminaciones.

14.3 Los pavimentos y las paredes hasta dos metros de altura serán impermeables, resistentes, lavables e ignífugos. Los techos se construirán con materiales que permitan su conservación en prefectas condiciones de limpieza o pintura.

14.4 Los pavimentos tendrán un sistema de desagüe adecuado.

Los desagües tendrán cierres hidráulicos cuando viertan en colectores de aguas contaminadas y estarán protegidos con rejillas o placas perforadas de materiales resistentes.

14.5 La ventilación e iluminación de los locales, ya sean naturales o artificiales, serán las reglamentarias y, en todo caso, apropiadas al destino, capacidad y volumen del local.

14.6 Dispondrán en todo momento de agua potable a presión, fría y caliente, en cantidad suficiente para la elaboración, manipulación y preparación de productos, así como para el aseo del personal. El lavado de instalaciones y utensilios industriales podrá realizarse con agua de otras características pero sanitariamente permisible.

14.7 Podrá utilizarse agua de otras características en generadores de vapor, circuitos de refrigeración, bocas de incendio y servicios auxiliares, siempre que no exista conexión entre esta red y la del agua potable.

14.8 Habrán de tener servicios higiénicos con lavado adjunto y vestuarios en número y características acomodadas a lo que prevean, en cada caso, las autoridades sanitarias.

14.9 En la zona de elaboración existirán lavabos de acción no manual provistos de toallas de un solo uso o secado por aire y jabón líquido.

14.10 Todos los locales deberán mantenerse constantemente en estado de gran pulcritud y limpieza, la que habrá de llevarse a cabo por los métodos más apropiados para no levantar polvo ni originar alteraciones o contaminaciones.

14.11 Todas las máquinas y demás elementos que estén en contacto con las materias primas o auxiliares, artículos en proceso de elaboración, productos elaborados y envases, serán de características tales que no puedan transmitir al producto propiedades nocivas y originar en contacto con él reacciones químicas. Iguales precauciones se tomarán en cuanto a los recipientes, elementos de transporte y locales de almacenamiento. Todos estos elementos estarán construidos en forma tal que puedan mantenerse en perfectas condiciones de higiene y limpieza.

14.12 Contarán con servicios, defensas, utillajes e instalaciones adecuados en su construcción y emplazamiento para garantizar la conservación de sus productos en óptimas condiciones de higiene y limpieza, y su no contaminación por la proximidad o contacto con cualquier clase de residuos o aguas residuales, humos, suciedad y materias extrañas, así como por la presencia de insectos, roedores, aves y otros animales.

14.13 Deberán poder mantener las temperaturas adecuadas, humedad relativa y conveniente circulación de aire, de manera que los productos dispuestos para consumo no sufran alteración o cambio de sus características iniciales.

14.14 Permitirán la rotación de las existencias y remociones periódicas en función del tiempo de almacenamiento y condiciones de conservación que exija cada producto que esté dispuesto para consumo.

14.15 Se evitarán humedades en muros y cubiertas, depósitos de polvo o cualquier otra posible causa de insalubridad.

Art. 15. Condiciones generales de los materiales.

En las industrias y establecimientos de elaboración y venta de horchata, todo material que tenga contacto con los productos mantendrá las condiciones siguientes, además de aquellas otras que específicamente se señalan en esta norma:

15.1 Estarán fabricados con materias primas adecuadas para el fin a que se destinen y autorizadas en los casos que prevea la presente reglamentación técnico-sanitaria.

15.2 No cederán substancias tóxicas, contaminantes y, en general, ajenas a la composición normal de los productos objeto de esta norma o que aun no siéndolo, exceda del contenido autorizado en los mismos.

15.3 No alterarán las características de composición ni los caracteres organolépticos de las horchatas.

Art. 16. Condiciones referidas al personal.

La higiene de todo el personal manipulador en la elaboración de horchatas, será extremada y cumplirá obligatoriamente las exigencias generales, control del Estado sanitario y aquellas otras que establecen el capítulo VIII del Código Alimentario Español y el Real Decreto de la Presidencia del Gobierno 2505/1983, de 4 de agosto, por el que se aprueba el Reglamento de Manipuladores de Alimentos («Boletín Oficial del Estado» de 20 de septiembre de 1983).

TÍTULO V

Envasado, etiquetado y rotulación

Art. 17. Envasado.

Las horchatas que se expendan envasadas lo harán en envases de vidrio, metálicos, poliméricos o complejos o de otros materiales autorizados.

El material de los envases cumplirá los requisitos establecidos en la sección primera del capítulo IV del Código Alimentario Español y las disposiciones concordantes que lo desarrollen.

Art. 18. Etiquetado y rotulación.

18.1 El etiquetado de los envases y la rotulación deberán cumplir lo dispuesto en el Real Decreto 1122/1988, de 23 de septiembre («Boletín Oficial del Estado» de 4 de octubre), por el que aprueba la norma general de etiquetado, presentación y publicidad de los productos alimenticios envasados.

18.2 Denominación del producto: La denominación del producto se ajustará a lo establecido en el título I de esta Reglamentación, que figurará en la cara principal del envase o en la zona más visible del mismo.

La denominación del producto irá acompañada del tratamiento específico a que haya sido sometido.

Las letras empleadas en la denominación deberán guardar una relación razonable con las del texto impreso más destacado que figure en la etiqueta.

Se prohíbe la utilización de calificativos o expresiones que puedan inducir a error o engaño al consumidor, tales como «extra», «súper», «superior» y similares, así como dibujos, fotografías, grafismos, etcétera del fruto o del tubérculo que no figuren en la composición o que, figurando, no guarden orden lógico en el decreciente de sus contenidos.

18.3 Cantidad neta: La cantidad neta se expresará en volumen para las horchatas naturales, pasterizadas y concentradas y condensadas de menos de 60º Brix, utilizando como unidades de medida el litro, el centilitro y el mililitro, y en unidades de masa el kilogramo y gramo para las horchatas en polvo y para las condensadas de más de 60º Brix.

La tolerancia, en cuanto a la verificación del contenido efectivo en el envasado para los productos objeto de esta Reglamentación Técnico-Sanitaria, se ajustará a lo dispuesto en el Real Decreto 723/1988, de 24 de junio («Boletín Oficial del Estado» de 8 de julio), por el que se aprueba la Norma General para el control del contenido efectivo de los productos alimenticios envasados.

18.4 Fechas del producto: Además de lo establecido en el artículo 19.1, la horchata natural, la natural pasterizada y la pasterizada, productos perecederos en corto período de tiempo, precisarán obligatoriamente la mención «fecha de de caducidad» seguida del día y el mes, en dicho orden.

18.5 Modo de empleo: En las etiquetas de las horchatas concentrada, condensada y en polvo figurarán las instrucciones necesarias para la reconstitución y obtención del equivalente en horchata natural o pasterizada.

18.6 Exportación: Los productos alimenticios contemplados en esta Reglamentación que se elaboren con destino exclusivo para su exportación a países no pertenecientes a la Comunidad Económica Europea, y no cumplan lo dispuesto en esta Reglamentación, deberán estar envasados y etiquetados de forma que se identifiquen como tales inequívocamente, llevando impresa en caracteres bien visibles la palabra «Export», no pudiendo comercializarse ni consumirse en España.

18.7 Importación: Los productos de importación comprendidos en la presente Reglamentación Técnico-Sanitaria provenientes de países que no son parte del Acuerdo de Ginebra sobre obstáculos técnicos al comercio de 12 de abril de 1979, ratificado por España («Boletín Oficial del Estado» de 17 de noviembre de 1981), además de cumplir las disposiciones establecidas en la presente Reglamentación, deberán hacer constar en su etiquetado el país de origen.

TÍTULO VI

Generales

Art. 19. Venta a granel.

Todos los establecimientos dedicados a la venta a granel dispondrán de un cartel anunciador del tipo de horchatas que expendan, teniendo a disposición del consumidor la fórmula cualitativa y razón social del fabricante con el número de Registro Sanitario.

En el caso de que el producto sea reconstituido deberá figurar en el cartel anunciador este dato con el mismo tamaño y tipo de letra que la denominación del producto.

TÍTULO VII

Art. 20. Control de fabricación.

Todas las Empresas deberán tener un laboratorio propio o contratado con el personal y los métodos necesarios para realizar los controles de materias primas y de productos acabados que exija la fabricación correcta y el cumplimiento de la presente reglamentación.

De las determinaciones efectuadas se conservarán los datos obtenidos.

Art. 21. Toma de muestras y métodos analíticos.

Los Ministros proponentes quedan autorizados para que, a propuesta de los Organismos competentes, mediante Orden y, previo informe preceptivo de la Comisión Interministerial para la Ordenación Alimentaria, puedan dictar métodos oficiales de análisis correspondientes.

Cuando no existan métodos oficiales para determinados análisis y, hasta que los mismos sean aprobados por el Órgano competente y previamente informados por la Comisión Interministerial para la Ordenación Alimentaria, podrán ser utilizados los aprobados por los Organismos nacionales e internacionales de reconocida solvencia.

TÍTULO VIII

Competencias, responsabilidades y régimen sancionador

Art. 22. Responsabilidad.

22.1 Salvo prueba en contrario, articulo las responsabilidades se establecerán conforme a las siguientes presunciones:

22.1.1 La responsabilidad inherente a la identidad del producto contenido en los envases no abiertos e íntegros corresponde al fabricante, elaborador, envasador o importador, en su caso.

22.1.2 La responsabilidad inherente a la identidad de los productos contenidos en envases abiertos o vendidos a granel corresponde al tenedor de los mismos.

Asimismo, corresponde al tenedor del producto la responsabilidad inherente a la inadecuada conservación del producto contenido en envases abiertos o no.

22.1.3 La responsabilidad alcanzará al transportista, distribuidor, almacenistas, importador o comprador cuando alteren o modifiquen las condiciones del envasado, almacenamiento y transporte en perjuicio del producto.

22.2 En todo caso, dichas presunciones de responsabilidad quebrarán en aquellos supuestos en que se pueda identificar y probar la responsabilidad del anterior tenedor o proveedor del producto.

SOLUCIONES A LOS EJERCICIOS PRÁCTICOS

Capítulo 1

1.- Respuesta: una mezcla homogénea y pasteurizada de diversos ingredientes (leche, agua, azúcar, nata, zumos, huevos, cacao, etc.), que es batida y congelada para su posterior consumo en diversas formas y tamaños.

2.- Respuesta: agua, zumos y azúcares.

3.- Respuesta: Respuesta: a.

4.- Respuesta: azúcar, clara de huevo, canelas, ralladuras de limón.

5.- Respuesta: mascarpone (queso cremoso), huevos, yemas de huevo, bizcochos, azúcar, brandy y café.

6.- Respuesta: monosacáridos, disacáridos y polisacáridos.

7.- Respuesta: b.

8.- Respuesta: son ésteres de la glicerina con ácidos grasos

9.- Respuesta: c.

10.- Respuesta: el tanto por ciento de proteínas absorbidas y que son realmente retenidas por el organismo.

11.- Respuesta: vitaminas hidrosolubles y vitaminas liposolubles.

Capítulo 2

1.- Respuesta: a.

2.- Respuesta: c.

3.- Respuesta: a.

4.- Respuesta b.

5.- Respuesta: c.

6.- Respuesta: c.

7.- Respuesta: el *azúcar invertido* es el producto obtenido por hidrólisis del azúcar común (sacarosa), y está constituido por una mezcla de sacarosa, glucosa y fructosa.

8.- Respuesta: fructosa, glucosa y sacarosa.

9.- Respuesta: a.

10.- Respuesta: el *chocolate* es el producto obtenido por la mezcla total y homogénea de cantidades variables de cacao en polvo o pasta de cacao y azúcar finamente pulverizada, adicionada o no de manteca de cacao.

11.- Respuesta: se denomina mix en heladería a la mezcla base (en pasta o polvo), donde están presentes los ingredientes principales, de forma que basta con agregar azúcar y agua (o bien azúcar y leche), para obtener el producto aún sin congelar y airear.

12.- Respuesta: los barquillos son delgadas hojas de pasta, hechas de harina, azúcar, canela, etc., que se cuecen de forma que queden tostadas y crujientes.

Capítulo 3

1.- Respuesta: los aditivos son sustancias añadidas en pequeñas proporciones a los alimentos que ayudan a prolongar su conservación o a mejorar sus cualidades organolépticas (color, olor, sabor). Nunca se deben emplear para enmascarar defectos.

2.- Respuesta: a.

3.- Respuesta: evitar el enranciamiento de la parte grasa de los helados.

4.- Respuesta: proporcionan un color persistente, ofrecen colores de la intensidad que se desee, son de alta pureza y bajo coste, etc.

5.- Respuesta: sacarosa, glucosa y fructosa.

6.- Respuesta: añadidos a los alimentos tienen como fin mantener la dispersión uniforme de dos o más fases no miscibles.

Capítulo 4

1.- Respuesta: la microbiología es la ciencia que estudia los organismos de pequeñas dimensiones, no visibles a simple vista en la mayoría de los casos. A estos seres se les llama microbios o microorganismos.

2.- Respuesta: bacterias, levaduras, mohos y virus.

3.- Respuesta: núcleo o nucleoide, citoplasma, membrana plasmática, pared celular, cápsula, flagelos, ribosomas, etc.

4.- Respuesta: a.

5.- Respuesta: aclimatación al medio, crecimiento logarítmico, fase estacionaria y fase de extinción.

6.- Respuesta: c.

7.- Respuesta: b.

Capítulo 5

1.- Respuesta: para conseguir un producto perfectamente diluido y sin grumos.

2.- Respuesta: en estas se dispone de maquinaria sencilla y sin una gran automatización. Cubren un área geográfica limitada. Requieren la intervención más directa del heladero en las diferentes etapas que hemos citado, y que suelen ser discontinuas.

3.- Respuesta: a.

4.- Respuesta: la maduración consiste en dejar la mezcla durante unas horas (8 a 12) a una temperatura de unos 2 a 5ºC, de forma que los ingredientes tengan tiempo de hidratarse. Durante este periodo se debe proceder a una agitación lenta.

5.- Respuesta: b.

6.- Respuesta: nos indica el volumen de aire que se incorpora a la mezcla.

Capítulo 6

1.- Respuesta: helados de chocolate, vainilla, fresas y frutas diversas.

2.- Respuesta: nata, leche, azúcar, yemas de huevo, esencia de vainilla.

3.- Respuesta: leche, azúcar, bicarbonato, jarabe de glucosa, esencia de vainilla.

4.- Respuesta: agua, azúcar y zumo de limón.

Capítulo 7

1.- Respuesta: a.

2.- Respuesta: la escala Baumé es una escala usada en la medida de las concentraciones de ciertas soluciones.

3.- Respuesta: la desinfección de las chufas es una operación primordial en la elaboración de la horchata. Se realiza normalmente con una solución de agua con un mínimo de cloro activo del 1%, en agitación mecánica y durante un tiempo no inferior a 30 minutos.

4.- Respuesta: b.

5.- Respuesta: a.

6.- Respuesta: c.

7.- Respuesta: chufa natural, chufa pasteurizada, chufa esterilizada y chufa UHT.

8.- Respuesta: el Brix (símbolo °Bx) es una unidad de cantidad que mide los sólidos o materia seca total disuelta en un líquido determinado.

Capítulo 8

1.- Respuesta: el yogur es un producto obtenido mediante la evaporación y fermentación de la leche mediante bacterias lácticas Lactobacillus y Streptococcus.

2.- Respuesta: a.

3.- Respuesta: *yogur entero*, llamado así porque conserva toda la materia grasa procedente de la leche (3,9 por ciento). También es rico en proteínas (3,5 por ciento).

4.- Respuesta: b.

5.- Respuesta: c.

Capítulo 9

1.- Respuesta: para detectar la presencia de microorganismos patógenos.

2.- Respuesta: para determinar su contenido en azúcares, grasas, proteínas, humedad, sales minerales, etc.

3.- Respuesta: b.

4.- Repuesta: Soxhlet.

5.- Respuesta: Kjeldahl.